Revit 必易课堂

BIM工程师岗位推荐教材

电气设计BIM实战应用

总主编 王 鹏

执行主编 刘 澂 曾 烨

◎西安交通大学人居环境与建筑工程学院参编

◎中国建筑设计西北研究院机电三所参编

◎来自国有大型设计院一线的资深行业专家

◎依托实际案例全程讲解应用技巧

◎行业规范的细致梳理、精准对接

◎线上、线下及时答疑解惑

西安交通大学出版社
XI'AN JIAOTONG UNIVERSITY PRESS

图书在版编目(CIP)数据

电气设计 BIM 实战应用/王鹏,刘潋,曾烨主编. —西安:
西安交通大学出版社,2016.6
 ISBN 978-7-5605-8689-2

Ⅰ.①电⋯　Ⅱ.①王⋯　②刘⋯　③曾⋯　Ⅲ.①建筑设
计-计算机辅助设计-应用软件　Ⅳ.①TU201.4

中国版本图书馆 CIP 数据核字(2016)第 153509 号

书　　名	电气设计 BIM 实战应用
主　　编	王　鹏　刘　潋　曾　烨
责任编辑	祝翠华
出版发行	西安交通大学出版社
	(西安市兴庆南路 10 号　邮政编码 710049)
网　　址	http://www.xjtupress.com
电　　话	(029)82668357　82667874(发行中心)
	(029)82668315(总编办)
传　　真	(029)82668280
印　　刷	西安明瑞印务有限公司
开　　本	889mm×1194mm　1/16　**印张** 13　**字数** 252 千字
版次印次	2016 年 8 月第 1 版　　2016 年 8 月第 1 次印刷
书　　号	ISBN 978-7-5605-8689-2/TU・193
定　　价	98.00 元

《电气设计 BIM 实战应用》编委会

序　言

　　随着全球进入信息化时代,信息化对各行各业的影响日益突显。在工程建设行业,随着 BIM 技术在国内的迅猛发展,BIM 的应用已贯穿于工程建设的全过程之中。BIM 技术在经营投标、工程策划、设计控制、施工管理、物资及成本管理、运维管理等各环节中发挥着越来越重要的作用。BIM 技术已经成为工程建设技术人员必须掌握的基本技术,谁掌握了 BIM,谁就赢得了未来。工程设计作为工程建设中最重要的阶段,BIM 技术在设计中的应用,将对整个工程的建设带来巨大的好处。电气作为工程建设中的专业之一,市场上还少有介绍电气专业用 BIM 技术进行设计的书籍。由西安交通大学与中国建筑西北设计研究院有限公司编写的电气设计 BIM 实战应用一书的出版,对于从事电气设计的工程技术人员是一件大好事。本书涵盖了 BIM 技术的基本慨念、电气设计的基本操作、各电气系统设计应用等内容,本书不仅仅局限于 BIM 软件基本操作,而且加强了电气设计工程操作能力的培训。本书采用设计院"师傅带徒弟"的方式,将 BIM 技术能力与工程项目专业设计操作相结合,使 BIM 技术得以真实的应用,本书还配备了专家的高清视频讲解,具有很强的实战性。学员可以通过"必易建科"免费提供的互联网增值服务,享受免费的听课、辅导、项目资料等为一体的一站式网络服务,通过网络服务形式,实现学员与讲师的无缝对接,让学员"由被动变主动",学员可以根据自身情况选择性的学习,在 BIM 的学习过程中收获最大化。本书是一本不可多得的学习电气 BIM 设计技术的好书,我乐意向电气同行推荐。

杨德才

2016 年 8 月 8 日

杨德才,1982 年 7 月毕业于重庆建筑工程学院机电系电气自动化专业,1982 年 7 月至今在中国建筑西北设计研究院从事建筑电气设计及技术管理工作,现任西北设计院电气专业总工程师,并担任全国建筑电气设计协作及情报交流网理事长、中国建筑学会建筑电气分会副理事长、中国勘察设计协会建筑电气工程设计分会副理事长等职务。

前　言

"必易建科"（西安必易建设工程科技有限公司）是建设工程领域多年从事 BIM 应用与研究的资深业内专家组织成立的创新企业，"必易建科"在 2015 年提出了 BIM 实战应用教程编写，将多年沉淀的经验着手用于 BIM 应用实战系列教程的编写。

BIM 应用实战系列教程主要以实际施工项目为案例，通过 BIM 技术进行建筑设计与施工的实施解析。

目前，虽然市场上已经涌现出了大量与 BIM 相关的课本书籍，多数仅局限于 BIM 的软件基本操作，缺失项目设计施工中各专业工程基本的工程操作能力。比如，在实际建设中，学员虽然有基本的专业知识、了解软件的操作方法，却不能在岗位上独立作业。

而 BIM 应用实战系列教程采用的是设计院"师傅带徒弟"的方式，将 BIM 技术能力与建设各项工程操作项目设计施工中各专业工程相结合，最终使 BIM 得以真实应用。所以，我们认为，"BIM 应用能力＝BIM 技术能力＋各项工程操作能力"。

"必易建科"开发的 BIM 应用实战系列教程通过专家讲解运用于必易课堂，与必易 BIM 网站（网址为 www.ibebim.com）同步上线，让 BIM 应用教学由传统向新型的互联网迈进，成为了全国首个"免费、无门槛"的网络 BIM 教育平台。该平台涵盖了中国建筑西北设计院、西安交通大学等多位业内知名专家的高清视频讲解，分别对行业规范的细致梳理和精准对接，让所有学员得到了免费的 BIM 实战应用技术知识。

随着互联网时代的迅速发展，互联网平台已经被广范应用于各大商业领域，很多免费的商业模式也大量涌现于我们的日常生活中，这种新型的模式也成为了各行各业运作的佼佼者。

在这样的背景下，"必易建科"以互联网为主旋律，以学员的需求为中心，为学员提供免费的听课、辅导、项目资料等为一体的一站式网络服务，通过这种一站式网络服务形式，实现了学员与讲师的无缝对接，也让学员"由被动变主动"，充分解决了学员在学习 BIM 过程中时间不够用、辅导不到位等诸多问题，让建筑人在 BIM 的学习过程中获得最大的"利益"。

"必易建科"通过为学员提供免费的互联网增值服务，打破了传统的教育培训模式，其特点在于：①运营模式以互联网商业模式为载体，开展 BIM 教学；②产品免费、增值服务收费、服务不可复制；③以学员要求为中心，以办学员服务为导向；④全国各地教服中心面授、为当地教服中心增加 20～30 天的面授辅导。

通过这些来迎合时代的需求，构建创新的 BIM 学习运作模式。让所有筑建人都能享受免费 BIM 教学。

在本书的编写过程中，邀请了西安交通大学人居环境与建筑工程学院、科技与教育发展研究院的资深专家担任顾问，数位教授在百忙之中参与了本书的编写，他们对本书的编写框架及创新点给予了肯定同时也提出了很多指导性建议,在此对他们表示衷心感谢。

由于编者所学知识有限,书中错误在所难免,希望广大读者谅解并敬请各位同行不吝赐教,可将存在问题发至必易 BIM 网站,我们将会进行整改。

编 者

2016 年 5 月

视频教程说明

本书的视频教程共 470 分钟,只需登陆"必易 BIM"网站(www. ibebim. com)即可免费学习,内容包括教学视频、BIM 族库和相关学习素材等。"必易 BIM"将 BIM 技术能力与建设项目设计施工中各专业工程相结合,最终使 BIM 得以真实应用,全方位的无门槛教学让读者可以游刃有余地进行学习和工作,免费享用全部的视频教学资源。同时网站配有迷你课堂、独家教材、在线问答等增值服务。

1. 视频教程内容说明

登陆网站

点击播放

2. 视频教学

在视频教程中,有相应案例实现过程的教学视频,登陆网站进行自主点击播放学习,打破常规模式,无需光驱引入,为读者提供更多方便快捷的视频教学文件。

(1)本书的教学视频以互联网的形式提供给读者,为方便大家学习和查询,登陆网站后注册会员,不仅可以直接点击播放、浏览教学视频,还可获得积分奖励,进行相应的积分兑换;也可与主讲老师进行无缝对接、在线互动,从而在 BIM 的学习过程中获得最大的受益。

(2)书网同步。以图书、视频相辅相成的方式进行学习,图书的内容以 Revit 2014 基础知识和项目实战操作技术在项目实例中的应用为主,视频内容与图书内容一样,是不同教学方式的体现。可以使读者深层次了解建筑设计在 BIM 软件 Revit 的应用,BIM 应用能力等于 BIM 技术能力加各项工程能力。

3. 教程项目介绍

本书所选的建筑实例为商业综合体,功能划分区间主要用于商业与办公,建筑占地面积为 2912.64 m²,总建筑面积为 22205.92 m²。其中地下室为设备用房与停车库,建筑面积为 3238.24 m²;一层至三层为商业用房,建筑面积为 8737.92 m²;四层至七层为办公用房,建筑面积为 10229.76 m²。总建筑高度为 29.5 m(室外正负零处到屋面),其中地下室层高为 5.100 m,一层至三层各层高度为 4.5 m,四层至七层各层高度为 4m,屋面为上人屋面。

声明

本书所有的素材源文件来自实际项目实例,仅限于读者学习使用,不得用于商业与其他营利用途,违者必究!读者可以通过"必易 BIM"网站(www.ibebim.com)的在线问答或者电话联系获得相应的技术支持,也欢迎读者和我们共同探讨 BIM 相关方面的技术问题。

目 录

第 1 章

Revit MEP 概述

本章提要

◎ Revit MEP 概念

◎ Revit MEP 基础

◎ Revit MEP 术语

◎ Revit MEP 参数化设置

◆ 1.1　Revit MEP 概念

BIM 的全拼是"building information modeling"，即建筑信息模型，它正在引领一场建筑业信息化的数字革命，它的全面应用将提高建筑工程的集成化程度，同时为建筑业的发展带来巨大的效益，使建筑设计乃至整个工程的质量和效率显著提高、成本降低，为建筑业界的科技进步产生无可估量的影响。Revit 是 Autodesk 公司一套系列软件的名称。Revit 系列软件是专为建筑信息模型（BIM）构建的，可以帮助建筑设计师设计、建造和维护质量更好、能效更高的建筑。Revit 是我国建筑业 BIM 体系中使用最广泛的软件之一。

目前以 Revit 技术平台为基础推出的专业软件包括 Revit MEP、Revit Structure 和 Revit MEP，以满足设计中各专业的实际使用。

◆ 1.2　Revit MEP 基础

Revit MEP 软件专为建筑信息模型（BIM）而开发，可以帮助你惬意地工作，自由地设计，高效地完成作品。学习和掌握 Revit MEP 之后，你可以不受软件束缚，自由设计建筑。在想要的任何视图中工作，在各个设计阶段都可以修改设计，快速、轻松地对主要的设计元素作出变更。

1.2.1　Revit MEP 的启动

首先，安装完成 Revit MEP，你可以通过单击 Windows 开始菜单选择"所有程序"，选中其中的"Autodesk"，再点击"Revit MEP"，即可启动 Revit MEP 命令；你也可以直接双击 Revit MEP 快捷图标启动 Revit MEP。

1.2.2　Revit 工作界面

单击"楼梯文件"进入 Revit 工作界面，见图 1-1。

在 Revit MEP 界面中，用鼠标单击选项卡，可以在各个选项卡中来回切换，每个选项卡都包含不同专业的作图工具，鼠标左键点击工具可以使用不同的选项卡工具，读者可以打开自己电脑中的 Revit MEP 软件点击熟悉各个工具的使用。见图 1-2。

1.2.3　Revit 的常用设置

我们点击"应用程序"按钮，出现如图 1-3 所示下拉菜单，点击右下角的"选项"按钮，出现如图 1-4 所示设置菜单，界面上会出现 Revit MEP 中的一些常用设置，可以切换不同的选项，在弹出的菜单中选择不同的设置功能。

图 1-1　Revit 工作界面

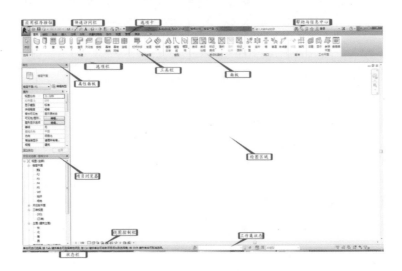

图 1-2　Revit MEP 软件工具示意图

图 1-3　下拉菜单

图 1-4　常用设置页面

◆ 1.3 Revit MEP 术语

Revit MEP 是三维信息化建筑模型设计工具，不同于大家熟悉的 CAD 系统，Revit MEP 有自己的文件格式，并且对于不同用途的文件有自己特定的格式，在 Revit MEP 当中，最常见的文件为项目文件、项目样板文件、族文件。

1.3.1 项目与项目样板

在 Revit MEP 中，项目会被储存为"rvt"文件格式。它包括该项目中的所有信息，包括族文件以及项目样板设置。

在 Revit MEP 新建项目时，Revit MEP 会自动以后缀名为"rvt"的文件格式，作为该项目的初始设置条件，它主要设置项目中的文字样式、线性、单位以及其他的信息。

1.3.2 族

在 Revit MEP 中进行绘图时，基本的图形单位我们称为"图元"，例如我们所做项目中的墙体、门窗、楼梯、扶手等都是图元。所有的图元都是通过族来创建，可以说，Revit MEP 是以族为基本进行设计。

在 Revit MEP 中，所有的族文件都可以被单独保存为"rfa"格式，以便不同的项目之间分享使用，我们打开 Revit MEP 的工作界面，在项目浏览器中找到族类别，如图 1-5 所示。我们右键点击族类型会出现如图 1-6 所示对话框。这样我们就可以将项目中的族文件单独提取出来，以便于其他项目的分享。

图 1-5　项目浏览器

图 1-6　族类型对话框

◆ 1.4 Revit MEP 参数化设置

在 Revit MEP 中，参数化设置包括参数化图元设置和参数化引擎设置。参数化图元设置是通过编辑族文件，修改它的定义参数来完成我们的编辑工作，例如墙体的高度、门的宽度。

参数化引擎设置是指,我们通过改变平面图中的图元参数,从而影响到整体项目的参数设置。例如我们在平面图中修改了门的宽度,那么在项目中相对应的立面,门的宽度也会随之改变,有了这样的参数设置引擎,我们就可以更快地对项目进行修改,提高了工作效率,极大地方便了我们的工作。

第2章

Revit MEP 基础操作

本章提要

- ◎ 视图工具
- ◎ 项目浏览器
- ◎ 视图导航
- ◎ View Cube的使用

通过前一章的学习，我们已经了解了 Revit MEP 的基本概念。本章中将进一步介绍
Revit MEP 的视图工具和常用编辑，熟悉 Revit MEP 的操作知识，更近一步了解 Revit
MEP 的操作模式。

◆ 2.1 视图工具

Revit MEP 常用的视图工具包含项目浏览器、视图导航、View Cube 的使用、视图控制
栏，如图 2-1 所示。

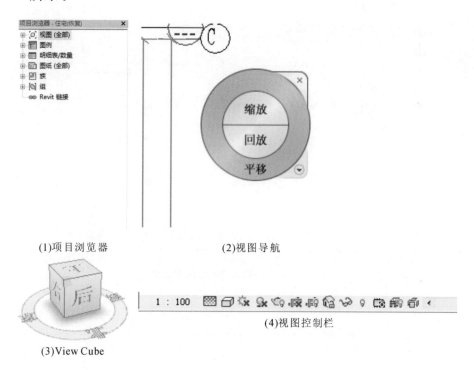

(1)项目浏览器　　　　　　　　　　　(2)视图导航

(3)View Cube

(4)视图控制栏

图 2-1　视图工具

◆ 2.2 项目浏览器

通过上面的介绍，我们已经知道 Revit MEP 常用的四种视图方式，本节重点对项目浏
览器的使用进行讲解。

项目浏览器用于组织和管理当前项目中包含的所有信息，包括项目中所有视图、图例、
图纸、明细表、族等。

我们单击"项目浏览器"右上角的 ✕ 按钮，可以关闭项目浏览器，点击"视图"选项卡，
点击工具栏"用户界面"，点击"项目浏览器"，这时"项目浏览器"又重新回到了操作界面中，
用鼠标点击"项目浏览器"上表头空白位置，拖住鼠标左键不放，可以根据用户习惯将其放

在合适的位置。

点击"项目浏览器"视图类别中"+"展开视图类别项目,点击"楼层平面"前面的"+",将出现我们项目中所有的平面视图,包括详图和场地。

同样,点击"项目浏览器"视图类别中"立面"前面的"+",将出现打开项目中所有的立面视图,包括立面的详图索引。

点击"视图"选项卡,出现"视图"工具,点击"用户界面"出现下拉菜单,在出现的下拉菜单中点击"浏览器组织",出现"视图""图纸"两个列表(见图 2-2),列表为当前定义的浏览器组织,选中项为当前正在使用的组织,使用右侧按钮定义新浏览器组织或编辑新浏览器组织。

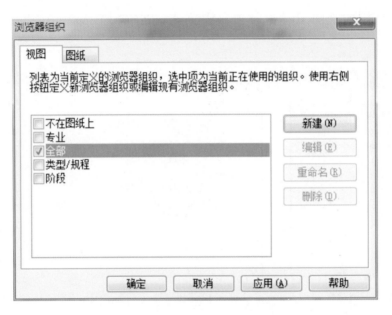

图 2-2 "视图"和"图纸"两个列表

◆ **2.3 视图导航**

Revit MEP 为用户操作界面提供了多种导航工具,可以对视图进行平移、缩放等操作,方便用户对视图的观察。

视图导航的使用有两种方法(见图 2-3)。

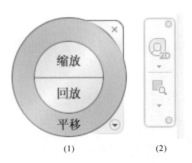

(1)   (2)

图 2-3 视图导航的使用

（1）第一种方法是通过在工作平面上，点击视图导航的图标，通过滑动鼠标来实现缩放和平移。

我们通过鼠标左键，点击平移按钮，按住鼠标左键不放，滑动鼠标，就可以移动观察视图；缩放同理。

（2）第二种方法是通过鼠标中键，滑动鼠标管轮来实现缩放视图。点击鼠标滚轮不放，滑动鼠标来实现平移视图。

在这里笔者强烈建议读者使用第二种方法，这样可以提高工作效率，方便操作。

介绍完了视图导航的使用方法以后，还可以根据用户自己的习惯，对视图导航工具进行设置。点击"应用程序按钮"出现下拉菜单，点击右下角"选项"出现列表，找到"Steering-Wheels"，通过这里的设置，用户可以根据自己的习惯进行调整（见图 2-4）。

图 2-4　选项中的"Steering Wheels"

◆ 2.4　View Cube 的使用

上一节我们介绍了视图导航的使用，视图导航是基于项目平面与立面以及剖面等的观察，View Cube 是基于三维视图的观察，在这里我们参考以下视图，熟悉 View Cube 的使用。

View Cube 的使用方法分为两种（见图 2-5），第一种是基于鼠标点击 View Cube 图标上的视图工具来实现三维的转换视角。第二种是按住键盘"shift＋鼠标"，通过旋转鼠标来实现三维视图的视角转换，在这里笔者为大家例举出了两种方法的操作过程，并强烈建议大家使用第二种方法。

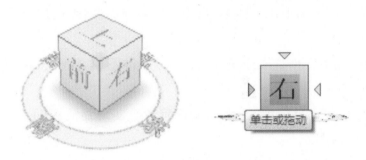

图 2-5　View Cube 的使用方法

第 3 章

BIM 在电气工程中的应用

本章提要

◎ BIM 应用的优势

◎ BIM 在电气工程中的具体应用领域

◆ 3.1 BIM 应用的优势 ────────────

所谓 BIM,即建筑信息化模型,信息化在模型中相对于传统的设计,有很大的优势。

3.1.1 可视化

以一栋楼的设计为例,用 Revit 软件对其进行可视化显示操作演示其步骤为:在"项目浏览器"里单击"三维视图"(见图 3-1),出现下拉菜单,双击"三维视图{三维}"(见图 3-2)。在工作界面就可以看到这栋楼房的电气信息化模型(见图 3-3)。这是实际可以看到的已经建好的一栋楼房的电气信息化模型,竖向电井所用的配电柜、桥架等设备也可以清楚地看见(见图 3-4)。同时,末端附在墙上和顶板上的灯、开关也可以看清楚。这就是可视化的体现。

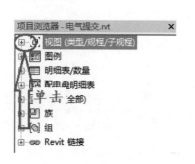

图 3-1　项目浏览器示意图

图 3-2　三维视图选项示意图

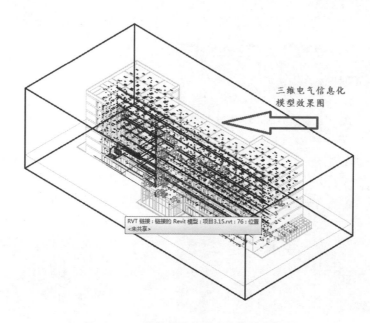

图 3-3　一栋楼的电气信息化模型示意图

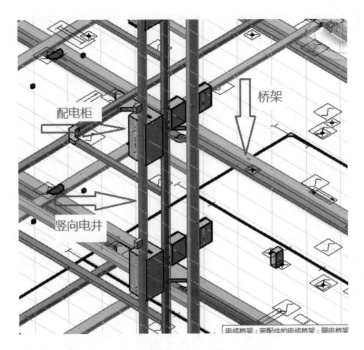

图 3-4　配电柜、桥架等设备示意图

3.1.2　信息化

　　拿疏散灯来讲(见图 3-5),在传统设计平面中,设计参数和设计主体是一种分离的关系,也就是说,在平面上只能看见图和灯的位置,关于灯的具体参数(包括距地高度、负荷等级、电压大小等)都要进行详细查阅才可以得知,甚至要翻阅整套系统图才能得知这个末端设备的具体数据信息。但在 BIM 应用中,无论是对施工人员还是后期其他应用人员来说,点击模型都可以实实在在地看到模型所在的位置,有足够明确的定位(见图 3-6);其次,在"属性"栏(见图 3-7)可以获知模型的材质、功率等任何信息,一系列相关信息也可以在该栏中设定。

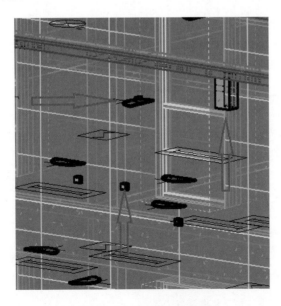

图 3-5　疏散灯示意图

图 3-6　单击疏散灯模型示意图

图 3-7 疏散灯"属性"示意图

但是,其属性信息的添加要根据不同阶段来设定,因为很多参数并不是局限于设计阶段。尤其当前有很多单位在施工过程中已经开始应用 BIM 技术,随着整个建筑生命周期的不断延伸,信息参数也是可以一直进行添加的。

◆ 3.2 BIM 在电气工程中的具体应用领域

目前基于 BIM 的优势,根据业主的需求,BIM 技术在电气工程中的应用具体可以分三种:①BIM 咨询设计;②整个建筑设计生命周期应用 BIM 模型;③出施工图。

3.2.1 BIM 咨询设计(主要是管件综合与协调优化)

1. 做专业内的管件碰撞

在平面设计中,比如桥架和配电桥架的设计,不会考虑桥架之间是否存在"打架"现象,腰高和水平站位存在的碰撞也考虑不到。应用 BIM 进行设计,在一个楼里同样的专业模型中可以很明显发现是否存在"打架"或者有冲突之类的问题。在专业间 BIM 的优势更大,一般作咨询设计的时候,会将水、暖、电等所有管件汇聚在一起进行综合的管件碰撞和检查,确保在施工之前消除碰撞。

比如,在施工中已经完成电上桥架的施工后,发现存在碰撞,就需要现场进行调节,若采用 BIM 就会使材料和人的精力相应减少,从而避免浪费已完成的工程项目。因此,利用 BIM 模型提前消除碰撞,就会避免很多冲突问题的发生。

2. 协调优化

拿地库来说(见图 3-8),在传统设计中,除了设备用房以外大部分空间是地库,蓝色是桥架,标高 300 mm 或 400mm。水上自喷管基本会平铺完,占用一层。地下室通风系统风管可能很大,尤其是在设备机房比较集中的地方,所有相关设备最终要回到源头或者设备机房(见图 3-9)。若各专业都占一层,会将标高压低,同时地库可用的净高也会被压低。而地库净高最低是 2.2m,若某种方案设计下来净高低于 2.2m,业主(即甲方)将"牺牲"掉几个车库,对其而言损失是很大的。在这种情况下,利用 BIM 可对排布方案进行优化,比如将电气和暖通设置到同一层,也可将给排水设置到同一层,这样一来就可以将净高抬高。

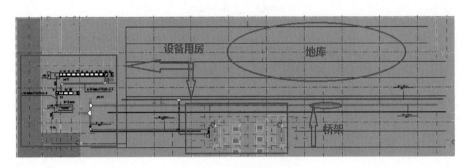

图 3-8　地库示意图

图 3-9　相关设备最终要回到源头或者设备机房示意图

净高抬高之后,原本要减少的车库就可以不用再减少了,或者可以尽量减少几个车库,从而让业主的利益得到最大化。

3.2.2　整个建筑设计生命周期应用 BIM 模型

在作建筑设计的时候,不像作 BIM 咨询一样只对一些管线的设计或者对大型设备的建模那么简单。在整个建筑设计生命周期,业主也会要求全部应用 BIM 模型,模型涉及范围小到开关、大到变配电锁等所有的设备布置。在后期施工时有些参数若需要调整,为了使建筑模型可以继续应用,在模型上更改参数即可。

比如,配电箱原来是 1.5m 的高度,在后期施工时若发生变化,只需要在模型上调整它的高度即可,调整到 1.2m 或者 1.8m 等相应参数,顺便给模型后期深化留一个接口,让构成模型的族接口灵活一些,其参数也是可编辑的。

所以,建筑设计在第一阶段,必须是一个可编辑化的参数模型,要求在建模时要注意族的参数是可编辑的。

3.2.3 出施工图

出施工图的前提是在建模时把管件综合、协调优化等问题相应解决,但对电气专业来说,这样的出施工图一般是不能通过审查的,那么就要细化加入一些导线。因为导线在模型平面上是可见的(见图 3 - 10),在实际中只是为了表示末端设备的连接关系,导线敷设路由实际上在三维视图里是看不到的。

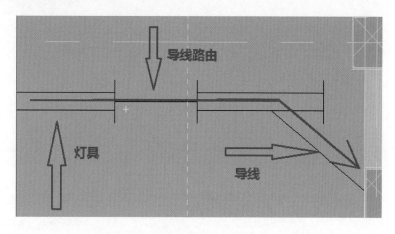

图 3 - 10 导线在模型中平面上是可见的

比如,一个建好的模型,除了可见的桥架以外,暗敷在板里的管线不显示。也就是说,个人置身建筑物里面,能看见的东西在模型里是可以体现的。

所以,在出施工图时,除了把所有的可编辑参数化模型建好之后,还需要对末端设备配电导线的路由进行深化。这个深化,可以利用软件里自带的"导线"(见图 3 - 11),直接绘制导线。这在后面具体章节会详细讲解。

图 3 - 11 工具栏中"导线"示意图

如果碰撞完全解决了问题,该优化的节点已经完全优化,可以将建筑设计视图导入CAD,对导线进行深化设计,这样会相对比较快一点,而且操作性比较强。

以上就是 BIM 在电气中的应用讲解,后续的章节会具体介绍电气的每个子系统,比如电气的每个子系统怎样设计,怎样用软件进行建模等。

第4章

电气设计的基本操作

本章提要

◎ 电气设计的基础工作

◎ 电气建模的基本操作

◆ 4.1 电气设计的基础工作

电气设计基础工作主要有三项,即协同方式的确定、项目样板的准备以及族库的准备。

协同方式的确定主要有链接的方式和工作集的方式;项目样板的准备主要是可见性的设置、视图深度的设置、过滤器的设置等;族库的准备要根据项目的实际情况来找一些需要的族,提前载入到项目当中,或者在建模的过程中载入也是可以的,但是族库的提前准备很有必要。

基础准备好之后就开始建模,要求结合本专业知识来建模型。用 Revit 软件建立的模型有一个好处,即族都是带信息的,模型也是可视化的,可以直接进行定位,最终建立的模型是一个可视化的信息模型。当模型建立好之后,可对专业间和专业内进行优化设计,以此解决传统设计中的局限性,比如,专业内的碰撞设计、专业间的碰撞设计及专业间的协调优化等。相关操作方法会在后面章节里仔细介绍。

◆ 4.2 电气建模的基本操作

4.2.1 协同方式的确定

就一个建筑模型(见图 4-1)来说,如果协同方式确立的是工作集方式,那么所有的专业都要在一个模型里进行建模,这样一来模型会变得非常大,对硬件的配置要求也会相应提高,从而导致模型的风险管理度提高。如果模型出现问题,五个专业的设计也会相应出现问题;而链接方式,就是把土建的模型作为一个底图插入到电气模型中,若要对模型进行更新,链接方式也同步更新,即可达到协同。

下面介绍以链接的方式进行协同的具体步骤:

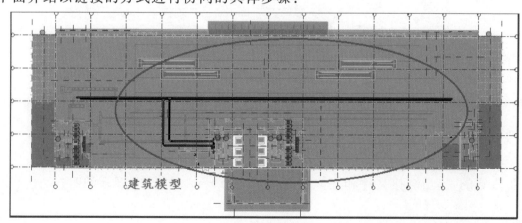

图 4-1 建筑模型示意图

（1）在"项目浏览器"中选择"电气"（见图 4-2），双击"三维视图：{3D}"模式（见图 4-3），进入三维 3D 模式。

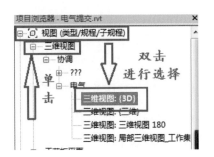

图 4-2　在"项目浏览器"中选择"电气"　　　　图 4-3　选中"三维视图 3D"模式

（2）选择"插入"选项卡，单击"链接 Revit"命令（见图 4-4），出现链接对话框，在链接对话框中找到所需链接文件，单击文件进行导入（见图 4-5）。

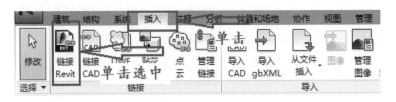

图 4-4　在"插入"选项卡中单击"链接 Revit"命令

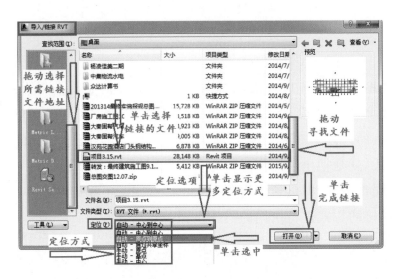

图 4-5　导入方式示意图

注意："定位"选项要选择"自动－原点到原点"，因为土建模型的基点已经定过了，要与其保持一致。

在导入时，如果弹出"无法载入"提示（见图 4-6），说明用户同时打开了另外一个文件。所以需要注意的是，当链接文件和主体文件在同一个 Revit 软件中打开的时候，是无法进行链接的。

（3）下面进行链接的操作，"定位"选项选择"自动－原点到原点"进行载入。

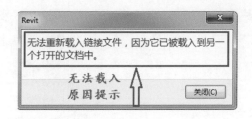

图4-6 "无法载入"对话框

可以看到此三维模型是整体的（见图4-7），在电气模型中是无法操作的，相当于一个底图。此次建筑设计的行动方式暂定为链接方式。

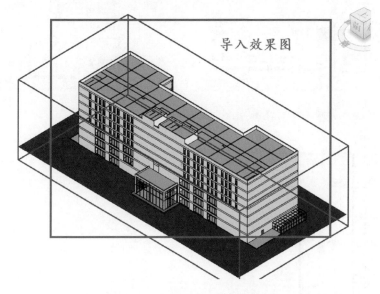

图4-7 导入效果图的示意图

接下来，要把建筑的轴网和标高进行落实。建筑实例中有地下一层，地上七层（见图4-8），将所有标高都复制下来，建立对应的视图。其操作频骤如下：①单击"协作"选项卡，选择"复制/监视"工具，弹出"使用当前项目"和"选择链接"命令，单击"选择链接"命令，（见图4-9）。②在面板中单击任一标高，出现"复制/监视"内容框，单击"复制"命令（见图4-10）。③然后选择"多个"选项（见图4-11），长按左键选中图中所有要选择的标高（见图4-12），单击"完成"复制监视命令（见图4-13）。

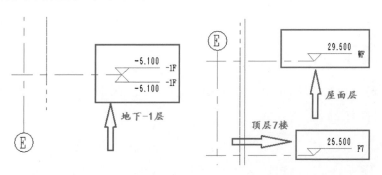

图4-8 建筑实例中有地下一层，地上七层

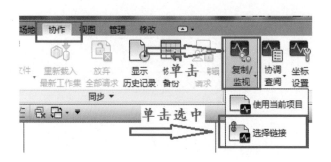

图 4－9　步骤示意图

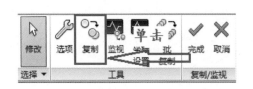

图 4－10　在"复制监视内容框"单击"复制"命令

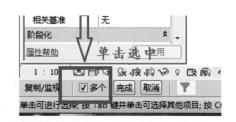

图 4－11　步骤示意图

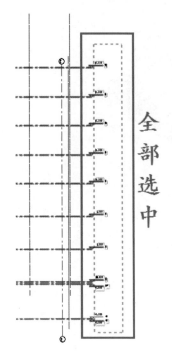

图 4－12　选中图中所有标高示意图

图 4－13　单击"完成"复制监视命令

进入预先浏览模式,可以看见复制好的标高族的显示情况(见图 4－14),其图示和原来是不一样的,原来是下三角形状的图示(见图 4－15),复制好的标高是可以选上的,而原来的标高是整体不可操作的。

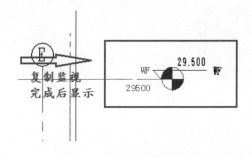

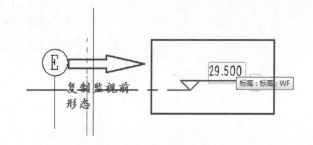

图 4-14　标高复制监视后族的显示　　　　　　　图 4-15　标高复制监视前族的显示

这时,也可以将标高族改成常用的下三角形状。即单击要更改的复制标高,会出现标高属性框;单击"标高"框出现"标高样式",选择"上标头"(见图 4-16),一个标高修改完成(见图 4-17)。其余标高用相同方法进行修改。点击"完成"最终完成复制(见图 4-18)。这样标高就复制好了。

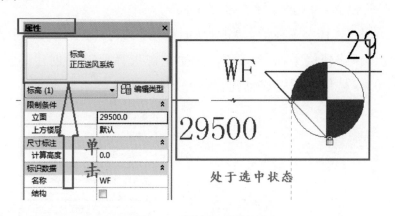

图 4-16　单击"标高"属性框

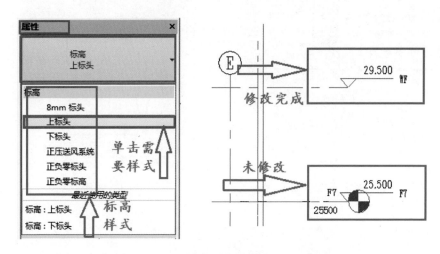

图 4-17　将标高改成常用的下三角形状

复制好标高之后,可以将轴网也复制下来,这就是用链接方式进行协同的基础工作。

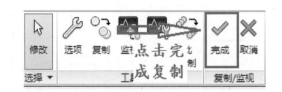

图 4-18　点击"完成",最终完成复制

4.2.2　项目样板的准备

项目样板主要包含视图划分、可见性设置、视图的深度设置以及过滤器设置等,而在电气专业中,在同一个视图内,视图划分根据子系统可划分为配电子系统、照明子系统、弱电子系统、消防子系统四大系统,因此就需要相应建立四种视图模型。

1. 视图划分

下面进行视图的建立,首先是新建"楼层平面"。

其步骤如下:单击"视图"选项卡,单击"平面视图"工具,在下拉菜单中选择"楼层平面"(见图 4-19);弹出"新建楼层平面"对话框,拖动左键选择所需要创建的楼层平面,最后进行确认(见图 4-20)。楼层平面完成创建后,会在项目浏览器中显示出来。

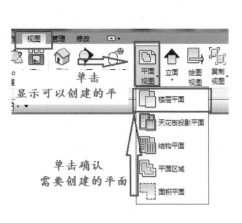

图 4-19　新建"楼层平面"

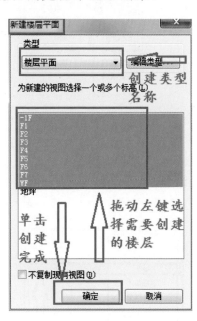

图 4-20　步骤示意图

这样,平面视图就建好了,即楼层平面负一层到屋面都建好了(见图 4-21)。

而轴网等都是以底图的形式呈现,可先将轴网复制下来,当建筑设计在后期有变化的时候就可以随时进行查看,方法同样是利用复制监视、选择链接。同时其他视图也就有轴网了。此时会发现链接进来的是一些有注释的族,房间功能的标注和尺寸虽然无法看到,但可以进行对齐设置,并且标注起来不浪费时间。

其步骤如下:单击"注释"选项卡,单击"对齐"(见图 4-22),单击需要标注的轴线就可以进行标注(见图 4-23)。这就是 Revit 软件的好处,不像 CAD 那么麻烦。

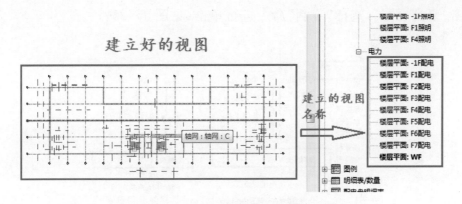

图 4-21　建立好的楼层平面视图

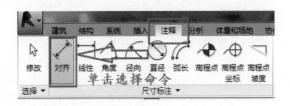

图 4-22　选择"注释"单击"对齐"

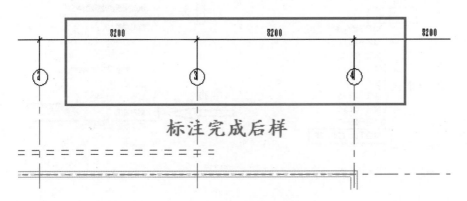

图 4-23　标注完成后如图

　　轴网建好之后,在电力子规程下所有的楼层平面就都有了。在实际画图的时候,项目样板是需要再进行细化的。根据电气专业视图划分是需要划分得更细的,除了做配电,还要做照明、消防、弱电,所以其对应的平面都要提前将视图划分好。

　　具体操作如下:

　　(1)对楼层进行复制,单击所需要复制的楼层平面(见图 4-24);

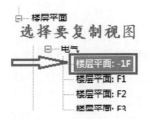

图 4-24　选择要复制的视图

（2）单击"复制视图"，选择"复制"命令进行单击（见图 4-25）；

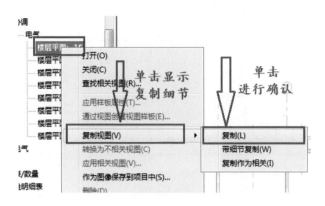

图 4-25　单击"复制视图"，单击"复制"命令

（3）复制完成后会新增楼层平面（见图 4-26）；

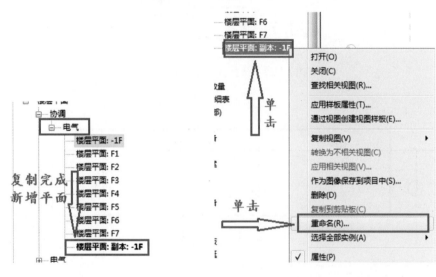

图 4-26　新增楼层平面　　　　　　图 4-27　在操作框单击"重命名"

（4）点击新增楼层平面出现操作框，单击"重命名"（见图 4-27），弹出"重命名视图"对话框，将"名称"进行修改，可重命名为"照明-1F"（见图 4-28），点击"确定"。由此，在项目浏览器中照明平面就产生了视图（见图 4-29）。同样，消防系统、电气系统也是相同的做法。

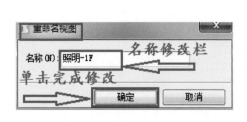

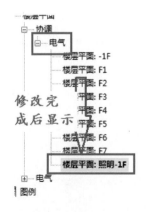

图 4-28　重命名"照明-1F"　　　　　图 4-29　项目浏览器中显示"照明-1F"

视图样板的作用是什么呢？比如一栋楼是7层，要修改照明，包括修改视图范围，或者设置1个过滤器，进行逐层修改是很麻烦的。如果楼是高层或者超高层，要进行逐层修改也会相当的麻烦，那么就可以根据视图划分来建立一些视图样板。把视图样板改了，所有的属于视图下的照明视图等都会被一次性改变，相当方便。

下面将对视图样板进行具体介绍。

例如负一层的视图样板，一般情况下，在"属性"中视图样板名称是"无"（见图4-30）。

图4-30　属性中的视图样板

可以新建一些视图样板，通过复制一些现有的视图样板来做，比如复制"供配电系统样板"（见图4-31）。其步骤为：①在"应用视图样板"里单击"供配电系统样板"；②单击左下角的图示，进行复制；③复制好之后，就可以直接在视图样板中修改。

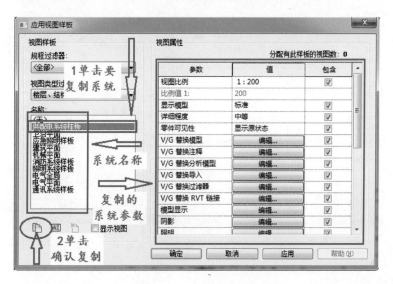

图4-31　应用视图样板

视图样板的参数在"视图属性"里设置(见图 4 - 32)。①视图比例:一般按 1∶100 来设置。②显示模型:在菜单栏中选择"标准"。③详细程度:一般选择中等。所有参数可根据自己的项目要求来设定。

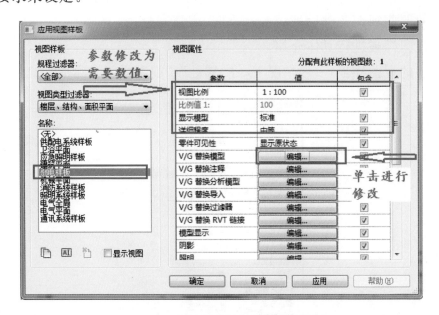

图 4 - 32　视图样板里包含"视图属性"

以弱电系统为例(见图 4 - 33),火警设备、灯具、照明设备是不用显示的,可以将其关掉,不打勾,这有点像 CAD 里的图层。关掉之后,在对应的视图上,就不会显示这方面的模型。以此类推,照明和配电的设置是一样的。

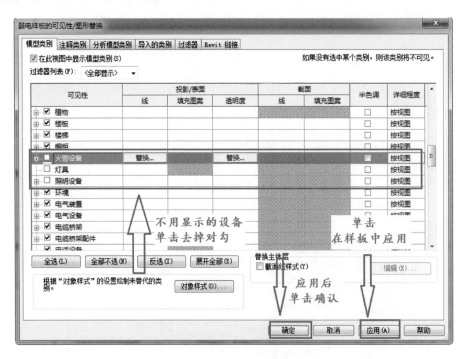

图 4 - 33　弱电系统可见性的设置

2. 过滤器的设置

在视图中,要让显示模型以某种颜色呈现、显示或者不显示,都可以通过过滤器来设置。

例如,要在弱电平面画桥架,桥架想通过某个颜色进行显示,就可以通过过滤器来操作。若在弱电视图中不显示配电桥架或者消防桥架,可以操作"可见性"来完成(见图4-34)。

图4-34　过滤器设置

关于电气规程和子规程的介绍,电气专业参照电气规程。

进行"子规程"设置之前要对视图进行划分(见图4-35),若是配电就选电气,弱电就选弱电,好处在于在视图样板设置好之后,若将子规程设置为照明,项目浏览器里的"电力—楼层平面—1F"就会变成"照明—楼层平面—1F"。

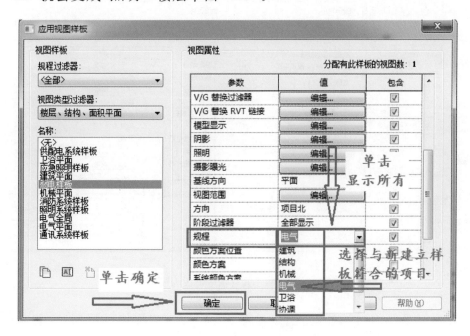

图4-35　视图样板

其操作演示步骤:①在"应用视图样板"里选择"弱电样板"(见4-36);②将视图属性里的"规程"设置为"电气";③在"子规程"选项将电力改为照明(见4-37)。最终项目浏览器里的"电气—楼层平面—1F"就会变成"照明—楼层平面—1F照明"(见4-38)。

同样的,可建立一些其他的视图进行复制,其相应的视图样板、子规程要对应好,采用先改视图样板、再改视图属性等同样的方法完成操作即可。视图划分做好(包括弱电、消防、照明、电力)(见图4-39)后,其他层的做法也是一样的,这样就可以完成负一层的所有视图操作。

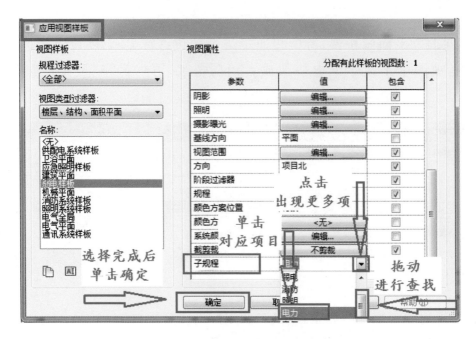

图4-36 在"应用视图样板"中选择"弱电样板"

图4-37 将子规程由电力改为照明

视图样板电气平面中过滤器的设置(见图4-40)。在"添加过滤器"中要是添加配电桥架,就点击"配电桥架",也可以"新建",名字由自己设置。若要在配电平面中显示的话,可勾选"可见性",填充颜色或者图案也可以随意设置(见图4-41)。

如果在负一层的电气平面上进行演示的话,就要在电气平面中画一个桥架,先在过滤器中进行设置(见图4-42)所示。过滤器中设置的操作步骤如下:①在"应用视图样板"里选择"电气平面";②在电气平面属性里单击"添加",弹出"添加过滤器"对话框,选择"照明桥架",点击"确定";③接下来可对颜色进行设置(见图4-43)。

进行桥架的绘制操作步骤如下:

①单击"系统"选项卡,单击"电缆桥架"工具(见图4-44)。

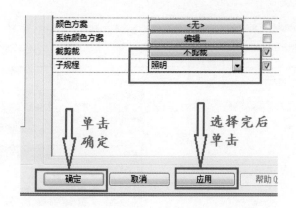

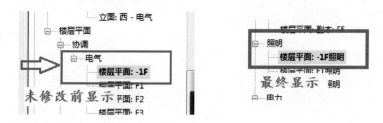

图4-38 项目浏览器最终显示为"照明—横层平面——1F照明"

图4-39 视力划分示意图

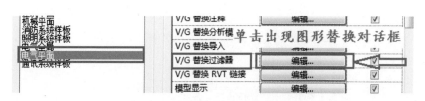

图4-40 电气平面中的过滤器

②在"属性"面板中选择桥架的类型(见图4-45)。在属性里单击"带配件的电缆桥架"框,出现很多类型的桥架;选择相应的桥架类型,即配电桥架。

③在工作面板中进行绘制(见图4-46),此桥架的设置和过滤器的设置是一致的。

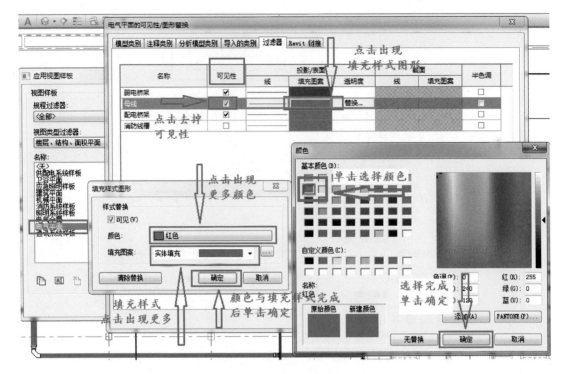

图 4-41 电气平面可见性设置详解图

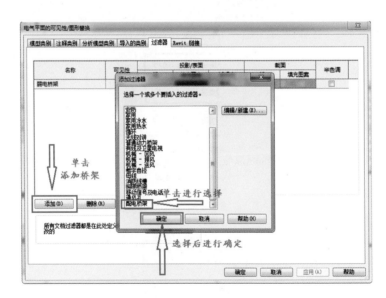

图 4-42 在过滤器中设置配电桥架

图 4-43 对颜色进行设置

图 4-44　"系统"选项卡下的"电缆桥架"

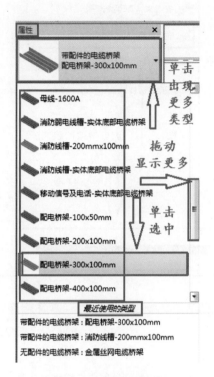

图 4-45　桥架的类型

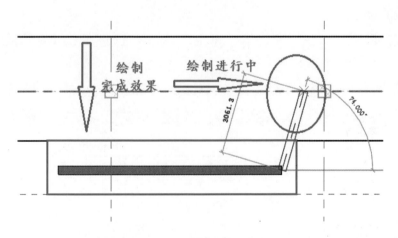

图 4-46　在工作面板里进行桥架的绘制

　　④再画一个其他的弱电桥架(见图4-47)对比看有什么区别。绘制完成后(见4-48)，进行桥架的选择。

　　如果不想让弱电桥架在配电桥架中显示，就对"可见性"进行设置即可。同样的，当画完之后想让所有的弱电设备或者消防设备不显示出来，都可以在过滤器中进行设置。

　　过滤器的作用是很强大的，对今后的出图很有帮助。弱电、视图、照明、消防每个视图只能显示出其对应的设备，所以最后都要通过过滤器进行设置。

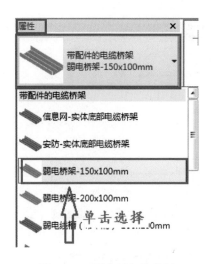

图 4-47 弱电桥架的绘制

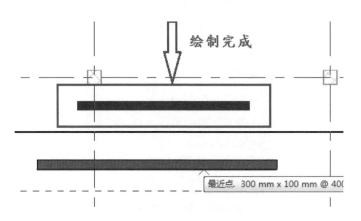

图 4-48 绘制后的弱电桥架示意图

3. 视图范围的设置

关于视图的样板还有一些需要讲解。拿电气来说，进行"替换 RVT 链接"的设置操作演示骤如下：

（1）在应用视图样板中单击"V/G 替换 RVT 链接"的"编辑"选项（见图 4-49）；

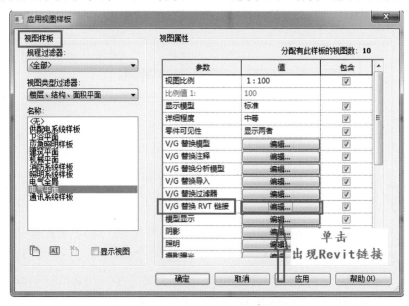

图 4-49 出现 Revit 链接

（2）单击"编辑"后，弹出"电气平面的可见性/图形替换"对话框，在"Revit 链接"选项，进行"显示设置"的设置（见图 4-50）；

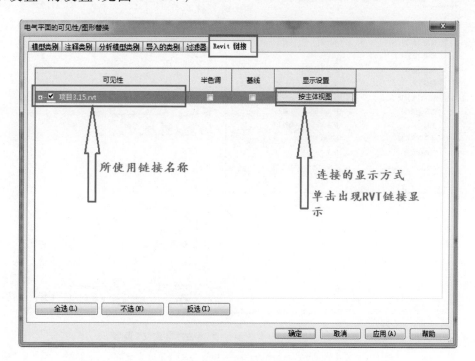

图 4-50　Revit 链接的可见性设置

（3）单击"显示设置"下的选项，弹出"RVT 链接显示设置"对话框，在"基本"里进行显示方式的设置（见图 4-51）；

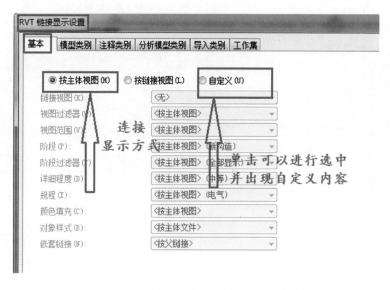

图 4-51　"RVT 链接显示设置"中的"显示方式设置"

（4）点击对应的显示方式后，会出现相对应的链接内容（4-52），设置完成后单击"确定"。

比如，链接了一个项目模型，模型要按照那种链接方式来显示，若按照主体视图来显示，主体视图是电气模型，其深度、视图可以按照其选项设置显示，也可自定义进行分别设置（见图 4-53）。

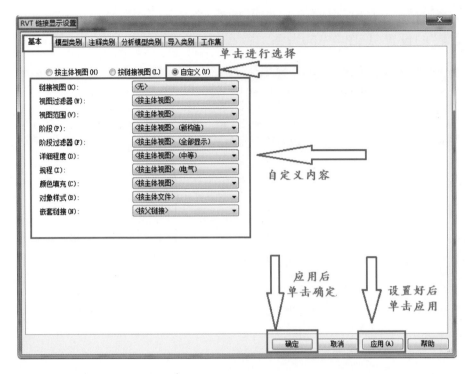

图 4-52 "RVT 链接显示设置"中的"自定义"设置

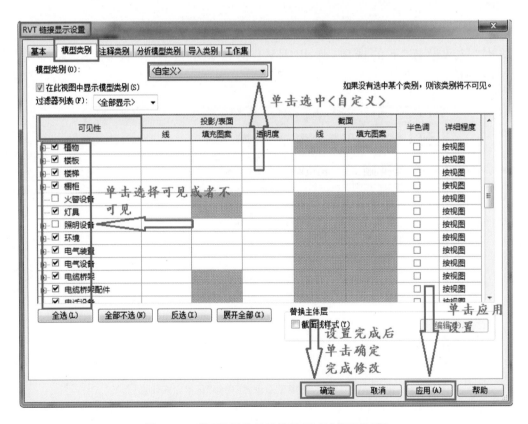

图 4-53 "RVT 链接显示设置"中的"模型类别"

　　视图范围,即视图深度,也是非常重要的设置选项。例如,处于楼层平面,楼层平面的视图范围是"标高之上",对一层而言,其顶在二层往上偏多少是由自己来设定的。也就是根据在视图里想要显示什么东西,模型标高是多少,可根据视图范围来设置。"抛切面"偏移量是2500,意思是从负一层的标高往上2.5m。因为是楼层平面,所以是2.5m往下看,底就是负一层的底。当然了,剖切面中顶和底都是可随意调整的。

比如,在2.5m处画一个插座。其步骤如下:

①在应用视图样板里将"视图样板"名称选择为"电气平面";在视图属性里,单击"编辑"出现"视图范围"对话框(见图4-54)。

②在"视图范围"里将剖切面的顶设置为标高之上,偏移量设置为2500,点击"确定"并应用。在这个视图范围中将进行插座的绘制。

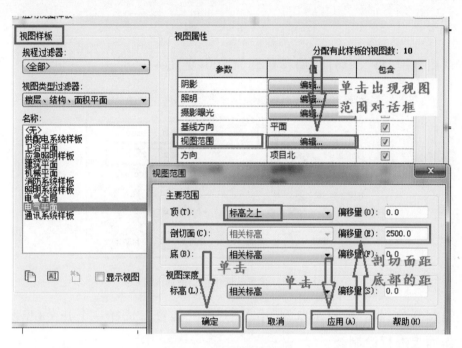

图4-54 视图范围的设置

③在"项目浏览器"中单击"电气装置",出现所有电气设备(见图4-55),单击选择绘制的电气设备,按住鼠标左键不放,拖动至工作面板进行绘制。在距地0.3m处(见图4-56),属于2.5m以下,所以是可见的(见图4-57)。

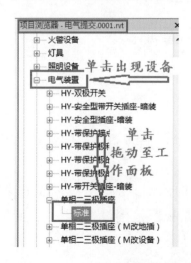

图4-55 电气装置中的电气设备

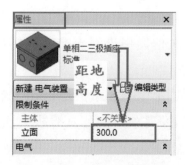

图4-56 立面距地0.3m

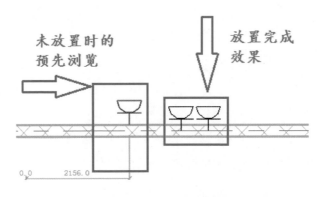

图 4-57　电气设备的绘制

④调整视图范围,将"剖切面"偏移量调为 200(见图 4-58)。

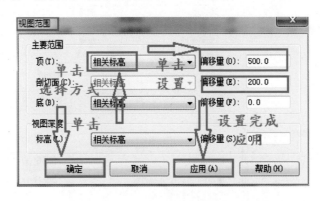

图 4-58　视图范围中剖切面的设置

⑤开始绘制开关。在"项目浏览器"中单击"电气装置",选择一个开关(见图 4-59),拖动鼠标到工作面板进行绘制。

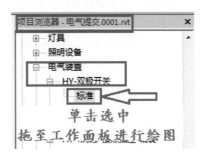

图 4-59　开关的绘制

⑥绘制好后如图 4-60 所示。

⑦调整开关的偏移量到 1.5m,鼠标离开"属性栏"系统进行自动确认。开关在视图上没有显示(见图 4-61)。

开关在视图上没有显示的原因在于当前视图的范围只有 0~500 这一段,所以当在建立模型的时候,发现东西放上去不见了,很有可能是视图范围设置得不当,所以应检查视图的范围。

⑧刚才开关布置时高度设置在 1.5m,现在将视图范围调节成 2m(见图 4-62),开关便可以看见了。

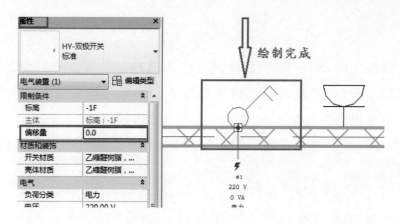

图 4-60　绘制完成后的开关

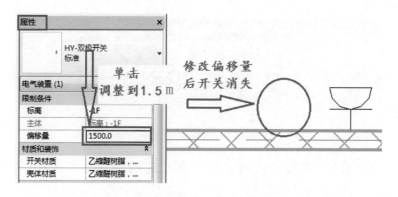

图 4-61　开关偏移量的调整

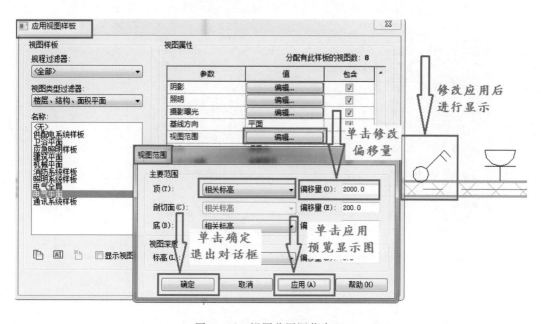

图 4-62　视图范围调节为 2m

　　视图样板的设置主要有以下几项：①替换模型的设置。在该视图中，选择哪项就将哪项勾选上；②过滤器的设置。设备怎么显示、以什么样的形式来显示，可以深一步地去控制模型的显示；③视图范围。若设备模型布置到土建模型上看不到，就去核查这三项，基本就可以检查出问题。

4.2.3　族的准备

当拿到土建模型之后,看一下项目,就大概能知道在这个项目中需要哪些模型,提前在项目中把这些模型准备好,建模时就可以得心应手。如果是软件自带的模型能用最好,如果不够的话可能需要根据项目改一些模型或者建一些新模型。

对于初学者来说,改模型或者建模型难度是比较大的,所以建议大家去网上找一些或者购买一些都可以。

一开始在建项目样板的时候,项目自带的一些族是很少的,提前估计一下需要哪些族,在软件自带的族去找,具体步骤如下:

(1)插入载入族(见图 4-63),即单击"插入"选项卡,选择"载入族"工具。

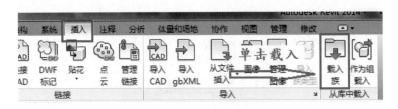

图 4-63　插入族的演示

(2)弹出"载入族"页面,根据自己的专业去选相应的族。比如,电气专业需要照明之类的,那就在族名称里单击"机电"并点击"打开"(见图 4-64)。

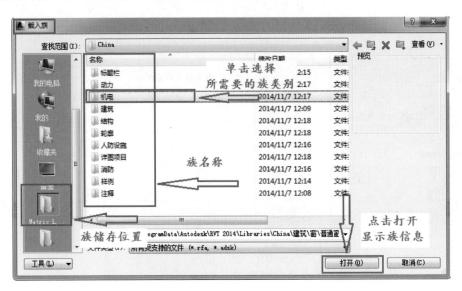

图 4-64　载入族页面

(3)在照明里选择对应的载入族(见图 4-65)。

(4)进入照明项目浏览器(见图 4-66),就可以看到载入族的显示(即环形吸顶灯),利用同样的方式可载入很多东西。

(5)当把族插到项目样板里之后,直接将其拖到项目上就可以了(见图 4-67)。但要注意一下,电气专业的末端项目族要么是依附于垂直面上(即放到墙面上),要么是放在平面上。像灯具是放在平面上的,插座是放在垂直平面上的。

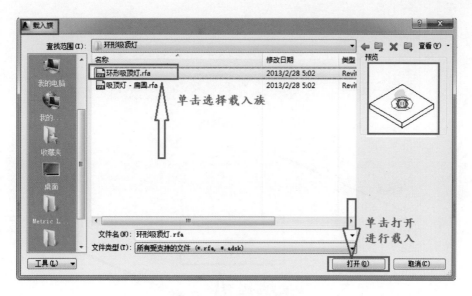

图 4-65　载入族的选择

图 4-66　项目浏览器中载入族的显示

图 4-67　通过左键拖动将 32W 环形吸顶灯拖入项目

（6）单击"修改"选项卡，单击"放置在面上"（见图 4-68）。

图 4-68　旋转方式的"选择"

　　（7）在三维视图里查看的相应演示步骤为：单击"附加模块"选项卡，选择"Auto Section Box"命令（见图 4-69）。可以看到，这是一个局部三维（见图 4-70），会发现灯是布置在地面上，而不是布置在顶上。

　　那么为什么要把灯布置在地面上呢？其原因在于，用 Revit 软件作电气设计时，要再建立一个天花板平面，所有要布置在天花板上的东西必须在天花板平面布置，否则会按照默

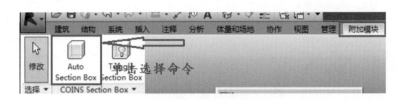

图 4 - 69　三维视图命令

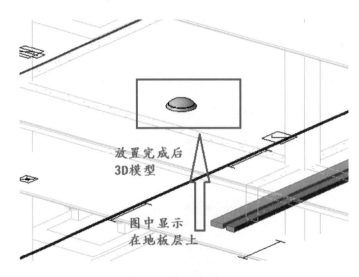

图 4 - 70　灯是布置在地面上的

认的方式被布置在地面上。所以,需要通过对视图的划分,建立一个天花板视图。其步骤具体如下:

(1)先将工作面切到楼层平面上,即在"项目浏览器"里选择点击楼层平面负一层。

(2)单击"视图"选项卡,单击"平面视图"工具,弹出下拉列表中单击"天花板投影平面"(见图 4 - 71)。

图 4 - 71　视图中"天花板投影平面"的选择

(3)建立负一层天花板平面与之前讲的建立楼层平面步骤想同。建立完成后出现在项目浏览器中(见图 4 - 72)。

(4)在照明天花板视图样板中,看一下规程与子规程是否对应,即规程为"电气",子规程为"照明"(见图 4 - 73)。

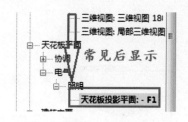

图 4-72　项目浏览器中天花板投影平面-F1 的显示

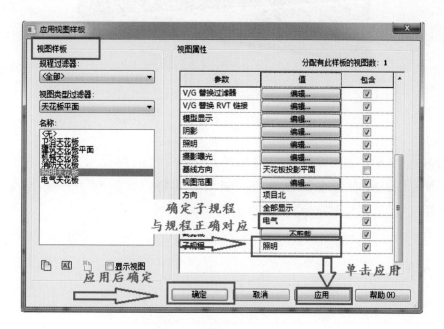

图 4-73　规程与子规程对应

天花板平面建好之后，接下来进行灯具的绘制。其步骤如下：

（1）在"项目浏览器"里选择"环形吸顶灯——32W"（见图 4-74），单击按住鼠标不放将其拖至工作界面。

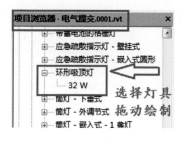

图 4-74　环形吸顶灯 32W 的选择

（2）单击"修改"选项卡，选择"放置在平面上"（见图 4-75）。在三维视图里的显示，灯就布置在顶板上了（见图 4-76）。

图 4-75　在修改选项卡中选择放置方式

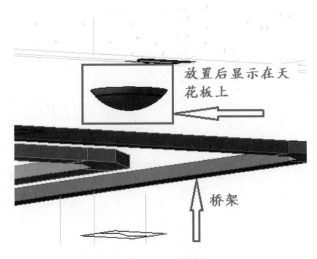

放置后显示在天花板上

桥架

图 4-76 灯已布置在顶板上

所以这里引申出来一点,如果建筑需要吊顶,那么在前期就要让建筑专业的工程师把灯设计做好,因为灯是要布置在吊顶上的。如果提前将灯布置在了顶板上,后期吊顶布置完成后,灯就看不见了,说明模型的设计是不合理的。

第5章

项目介绍

本章对本书涉及项目进行简要介绍,以实际项目为例,此项目设立的具体建筑(见图5-1)是一个多层的公共建筑,共7层,总高度为30m,建筑面积约22000m²,属于商业办公的综合建筑。负一层为车库和设备用房。

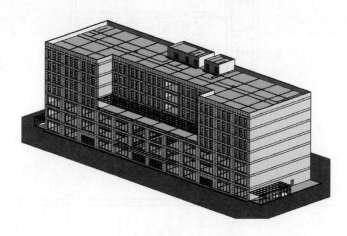

图5-1 项目建筑示意图

该建筑涉及的设备具体如下:①大的空间是车库,有车库的流线、下车库、车库入口、车库出口;②地下室有很多备用房,包括暖通方面的锅炉房、排烟机房、送风机房(见图5-2);③重要的是,电气方面的变配电所,也就是一般所说的变配电室;④备用电源、发电机房以及储油间值班室,值班室是变电所专用的值班室(见图5-3),右边是1个送风机房、1个给排水方面的水供房;⑤核心筒是6个直上的电梯,并配有楼梯可以直接上下(见图5-4)。

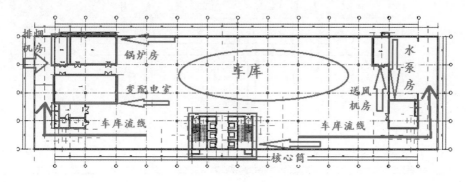

图5-2 地下室的多个备用房

一至三层商业总面积约为8500 m²。根据《商店建筑设计规范》(JGJ48-2014)要求,该商店建筑已经超过5000 m²,所以是一个中型商业体。其商业形式是大开间式,并未进行分隔。由于具体商业在后期运营时,是以招租方式进行,所以会涉及后期的大量二次装修,相关电气设计也会涉及照明、插座的布置,这些因素是无法确定的。所以一般根据施工图设计的要求,像这种情况只设计满足基本电量,照明、灯具都不进行布置(见图5-5)。

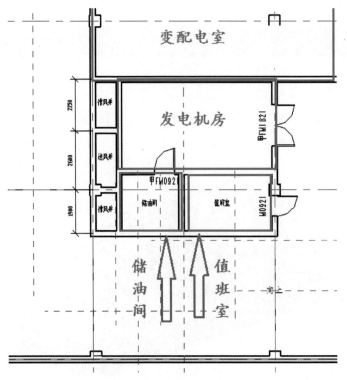

图 5-3　值班室示意图

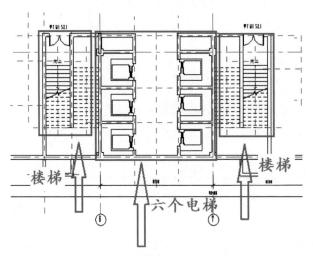

图 5-4　楼梯的主设置

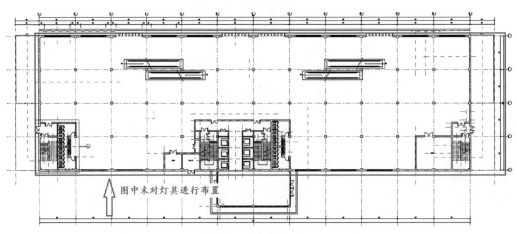

图 5-5　施工图设计要求:照明灯具不设置

 规范梳理

《商店建筑设计规范》规范说明

商店建筑的规模,应按单项建筑内的商店总面积进行划分,并符合表5-1的规定。

表5-1 商店建筑的规模划分

规模	小型	中型	大型
总建筑面积	<5000 m²	5000~20000 m²	>20000 m²

而电井(见图5-6)是根据楼的长度而布置的。楼的长度是98m,中间设的电井支线可以覆盖到两边,不超过50m,以此满足规范的要求,而且电井在一楼紧挨消防控制室,这相对于火灾自动报警的敷设很方便。

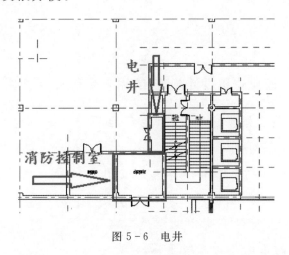

图5-6 电井

四至七层的楼层示意见图5-7。四楼为办公楼层,每一个办公房间是隔间的形式,左右基本对称,中间有一个长走廊,以及一个内走廊的排烟。中间有6个电梯,其中消防电梯从负一层直通上来,两边是疏散楼梯。可见基本的办公结构是比较简单的,也方便初学者掌握。

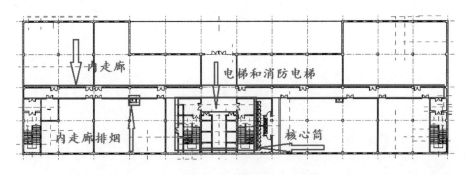

图5-7 四至七层的楼层示意图

基于以上的初步分析,本楼、本建筑地下室设备用房的变配电室、柴油机房,某供电范围是低压。假设高压是由园区的高压总配电,设备引入一路10kV高压,高压的系统采用单母线不分段,低压系统采用单母线分段,设手动联络开关,计量的方式采用高控高记,这在

前端的高压配电室已完成计量。

下面，重点讲解本建筑的负荷分级，因为负荷分级对电气设计非常重要。负荷分消防负荷与非消防负荷，消防负荷暂定为两级。负荷分级将大概介绍，在第 6 章的电力系统会详细介绍分析负荷分级，以方便初学者掌握。

这里大概介绍本建筑的负荷，为 2 级负荷，分为消防负荷、电梯负荷。其中电梯负荷可以不包括扶梯，具体的可以参见《商店建筑设计规范》。属于 2 级负荷的设备包括生活泵、商业的营业厅照明、办公的走道、楼梯间以及电梯前室的照明，其余都是 3 级负荷。

对于建筑来说，电气专业的设计主要内容包括电力系统、照明系统。照明系统不包括商业二次装修的部分内容，还包括火灾自动及联动控制系统、综合布线系统、防雷接地及安全系统。现在的大型公共建筑，一般都设有能耗监测系统。

本次设计全程采用 BIM 应用软件 Revit 辅助设计，后续章节将就以上几个子系统对此项目电气专业的实现程度、发现的问题及解决方法进行介绍。

 规范梳理

《商业建筑设计规范》的用电负荷规范说明

商店建筑的用电负荷应根据建筑规模、使用性质和中断供电所造成的影响和损失程度等进行分级，并应符合下列规定：

（1）大型商店建筑的经营管理用计算机系统用电应为一级负荷中的特别重要负荷，营业厅的备用照明、自动扶梯、空调用电应为二级负荷。

（2）中型商店建筑营业厅的照明用电应为二级负荷。

（3）小型商店建筑的用电应为三级负荷。

（4）电子信息系统机房的用电负荷等级应与建筑物最高用电负荷等级相同，并应设置不同供电电源。

第6章

电力系统

本章提要

◎ 负荷分级

◎ 配电系统

◎ 常用末端用电设备

◎ 线路敷设与桥架的绘制

本章主要针对民用建筑的 10kV 以下供配电系统的设计。10kV 以下的供配电对于民用建筑来说,需要分清楚具体设计对象是一个什么对象。在第 5 章已经介绍了项目实例是一个商业与办公的综合建筑,供配电系统的设计主要根据建筑用户的重要性、负荷性质、用电量,结合当地的电源条件(即"市政电源条件"),确定外部电源、自备电源以及其他供电系统的设计方案。

◆ 6.1 负荷分级

图 6-1 为已经初步建成的电气模型。

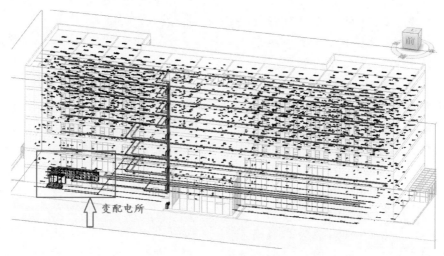

图 6-1　电气模型示意图

该模型中的变配电所是可见的。高压柜、低压柜、柴油发电机以及联络母线是可以直观看见的(见图 6-2),这就是建筑的电源系统,假设高压是从园区引入的,但是低压配电系统都是设置在建筑的负一层变配电所里。

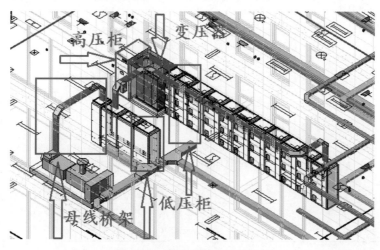

图 6-2　变配电所的可见设备

现在根据具体建筑,介绍建筑的用电负荷分级。

首先,介绍民用建筑的用电负荷分级方法。

对于电气设计来说,民用建筑的用电负荷一般是根据用户的重要性和用电设备对供电可靠性的要求来划分的。用户和设备都可以按照重要等级进行划分,一般划分为三级:其中一级包括特别重要负荷和一级重要负荷与设备;二级负荷;三级负荷就是不属于一级和二级的负荷,都归为三级负荷。

民用建筑的负荷分级,大家可以参见详细的用户负荷分级方法,用电的负荷分级可以参照表6-1,其中包含详细的各种用电设备的负荷分级。

 规范梳理

《民用建筑电气设计规范》(JGJ-2008)负荷分级及供电要求

一、用电负荷应根据供电可靠性及中断供电所造成的损失或影响的程度,分为一级负荷、二级负荷及三级负荷。各级负荷应符合下列规定:

1. 符合下列情况之一时,应为一级负荷:

(1)中断供电将造成人身伤亡;

(2)中断供电将造成重大影响或重大损失;

(3)中断供电将破坏有重大影响的用电单位的正常工作,或造成公共场所秩序严重混乱。例如:重要通信枢纽、重要交通枢纽、重要的经济信息中心、特级或甲级体育建筑、国宾馆、承担重大国事活动的会堂、经常用于重要国际活动的大量人员集中的公共场所等的重要用电负荷。

在一级负荷中,当中断供电将发生中毒、爆炸和火灾等情况的负荷,以及特别重要场所的不允许中断供电的负荷,应为特别重要的负荷。

2. 符合下列情况之一时,应为二级负荷:

(1)中断供电将造成较大影响或损失;

(2)中断供电将影响重要用电单位的正常工作或造成公共场所秩序混乱。

3. 不属于一级和二级的用电负荷应为三级负荷。

二、民用建筑中各类建筑物的主要用电负荷的分级,应符合本规范表6-1。

表6-1 民用建筑中各类建筑物的主要用电负荷的分级

序号	用电单位	用电设备或场合名称	负荷级别
1	一类高层建筑	消防控制室、消防泵、防排烟设施、消防电梯及其排水泵、火灾应急照明及疏散指示标志、电动防火卷帘等消防用电	一级
		走道照明、值班照明、警卫照明、航空障碍标志灯	
		主要业务用计算机系统用电,安防系统用电,电子信息机房用电	
		客梯、排污泵、生活泵	
2	二类高层建筑	消防控制室、消防泵、防排烟设施、消防电梯及其排水泵、火灾应急照明及疏散指示标志、电动防火卷帘等消防用电	二级
		主要通道及楼梯间照明、值班照明、航空障碍标志灯等	
		主要业务用计算机系统、信息机房电源,安防系统电源	
		客梯电力、排污泵、生活泵	

表 6 - 1 续表

序号	用电单位		用电设备或场合名称		负荷级别
3	非高层建筑		建筑高度大于50m的乙、丙类厂房和丙类库房	消防用电	一级
			①大于1500个座位的影剧院、大于3000个座位的体育馆		二级
			②任一层面积大于3000m²的展览楼、电信楼、财贸金融楼、商店、省市级及以上广播电视楼		
			③室外消防用水量大于25L/s的其他公共建筑		
			④室外消防用水量大于30L/s的工厂、仓库		
4	国宾馆、国家级大会堂、国际会议中心		主会场、接见厅、宴会厅照明,电声、录像、计算机系统		一级(特)
			地方厅,总值班室、主要办公室、会议室、档案室、客梯、生活泵		一级
5	省部级计算中心		电子计算机系统电源		一级(特)
6	地、市级及以上气象台		气象业务用计算机系统电源		一级(特)
			气象雷达、电报及传真收发设备、卫星云图接收机及语言广播设备、气象绘图及预报照明用电		一级
7	防灾中心 电力调度中心交通指挥中心	国家及省级的	防灾、电力调度及交通指挥计算机系统电源		一级(特)
			其他用电负荷的负荷等级套用序号1、2、3、8的负荷分级表		
8	办公建筑	国家及省部级行政楼	主要办公室、会议室、总值班室、档案室及主要通道照明、消防用电、客梯、生活泵等负荷		一级
		其他办公建筑	一类办公建筑、一类高层办公建筑	包括客梯、主要办公室、会议室、总值班室、档案室及主要通道照明及消防用电负荷、生活泵等	一级
			二类办公建筑、二类高层办公建筑		二级
			地、市级办公建筑		
			三类办公建筑		三级
			除一、二级负荷以外的用电设备及部位		
9	旅馆建筑	不低于四星级,一、二级	经营及设备管理计算机系统的电源		一级(特)
			电子计算机、电话、电声及录像设备电源、新闻摄影用电排污泵、生活泵、主要客梯,宴会厅、餐厅、康乐设施、门厅及高级客房、主要通道等场所的照明用电,厨房用电		一级
			其他用电		二级
		三星级,三级	一、二级或四星级及以上旅馆建筑所列用电负荷		
			其他用电		
		不高于二星级,四至六级	所有用电		三级

表 6-1　续表

序号	用电单位		用电设备或场合名称	负荷级别
10	商店建筑	大型	经营管理用计算机系统用电	一级(特)
			营业厅,门厅,主要通道的照明,应急照明	一级
			自动扶梯,客梯,空调设备	二级
		中型	营业厅,门厅,主要通道的照明,应急照明,客梯	
		其他	大中型商店的其余负荷及小型商店的全部负荷	三级
			高层建筑附设商店负荷等级同其最高负荷等级	
11	县级以上,二级以上医疗建筑		重要手术室、重症监护等涉及患者生命安全照明及呼吸机等设备用电	一级(特)
			急诊部的所有用房;监护病房、产房、婴儿室、血液病房的净化室、血液透析室;病理切片分析、核磁共振、手术部、介入治疗用 CT 及 X 光机扫描室、高压氧仓、加速器机房、治疗室、血库、配血室的电力照明,以及培养箱、冰箱、恒温箱和其他必须持续供电的精密医疗装备;走道照明;重要手术室空调,重症呼吸道感染区通风系统用电	一级
			电子显微镜、一般 CT 及 X 光机用电、高级病房、肢体伤残康复病房照明、一般手术室空调、客梯电力	二级
12	科研院所高等院校		重要实验室电源:生物制品、培养剂用电等	一级
			高层教学楼客梯、主要通道照明	二级
13	民用机场		航空管制、导航、通信、气象、助航灯光系统设施和台站用电、边防、海关的安全检查设备,航班预报设备,三级以上油库,为飞机及旅客服务的办公用房及旅客活动场所的应急照明	一级(特)
			候机楼、外航驻机场办事处、机场宾馆及旅客过夜用房、站坪照明、站坪机务用电	一级
			除一级负荷和特别重要负荷外的其他用电	二级
14	铁路客运站(火车站)	大型站和国境站	包括旅客站房、站台、天桥及地道等的用电负荷	一级
		中型站		二级
		小型站的用电负荷		三级

　　以上的表格,仅仅是建筑和设备用电负荷的分类方法。对于一个工程,要具体针对建筑及其内部设备的用电负荷划分,需要根据具体建筑的使用功能和面积指标,依据相应的规范进行详细划分,才能得到最终的负荷划分方案。就像第 5 章介绍的总面积、商业面积、办公面积,要进行负荷划分(规范里面强制要求按照面积划分),就是用这个来进行具体划分的。

　　本实例项目是商业和办公的综合体,共 7 层,总高 30m,是一个多层的公共建筑,属于中型商业办公场所。强调中型,是因为中型对于负荷分级非常重要。其中,商业营业厅的用电照明已经划分到了二级负荷。中型商业根据商业、商店建筑设计规范,面积超过 $5000m^2$ 的就属于中型的商业。

　　而实例中的建筑面积已经达到了 8550 m²,属于中型商业。营业厅照明划分为二级。建筑高度大约 30m(见图 6-3),已经超过了 24m 且是公共建筑,根据《建筑设计防火规范》对建筑的分类(见表 6-2),明显可以将其划分为二类高层,其消防负荷也就划分为二级负荷供电,最终负荷分级就可以确定。

图 6-3　建筑高度

表 6-2　建筑的分类

名称	高层民用建筑		单、多层民用建筑
	一类	二类	
住宅建筑	建筑高度大于 54m 的住宅建筑(包括设置商业服务网点的住宅建筑)	建筑高度大于 27m,但不大于 54m 的住宅建筑(包括设置商业服务网点的住宅建筑)	建筑高度大于 27m 的住宅建筑(包括设置商业服务网点的住宅建筑)
公共建筑	1.建筑高度大于 50m 的公共建筑 2.建筑高度在 24m 以上部分任一楼层建筑面积大于 1000 m² 的商店、展览、电信、邮政、财贸金融建筑和其他多功能组合的建筑 3.医疗建筑、重要公共建筑 4.省级及以上的广播电视和防灾指挥调度建筑、网局级和省级电力调度建筑 5.藏书超过 100 万册的图书馆、书库	除一类高层公共建筑外的其他高层公共建筑	1.建筑高度大于 24m 的单层公共建筑 2.建筑高度不大于 24m 的其他公共建筑

　　二级负荷包括消防负荷、电梯、潜污泵、生活泵等。

　　消防负荷的范围很广,比如火灾自动报警系统、消防泵、消防风机、应急疏散照明、消火栓泵等与消防相关的负荷等级都为二级。

　　电梯也属于二级。中型商场的扶梯可以不算为二级,其他的二级负荷包括潜污泵、生活泵、公共的商业的营业厅照明、办公的走道、楼梯间、电梯前室的照明,这些是根据规范要求划分的,也就是根据办公的使用面积、商业的使用面积、整个建筑的类型划分,把详细的分类进行划分,得出以上的用电负荷为二级。

　　除此之外,其余的负荷,比如普通办公室的照明插座、卫生间的照明、普通的商业柜台照明用电、插座等为三级负荷。也就是说,除了二级负荷之外,其他都为三级负荷。

　　在负荷确定之后,根据这个负荷进行配电系统的设计,以此为基准,配电系统就可以从上到下进行结构上的搭建。

　　下面的章节,将针对此项目对配电系统进行详细介绍。

◆ 6.2 配电系统

6.2.1 项目初步介绍

从传统意义上来说,电气设计的配电系统绘制包括系统图和平面图两个部分。对于 Revit 软件来说,它在系统图的绘制具有一定的局限性,无法体现出其三维的 BIM 的优势,故本次不作配电系统图的介绍。

现在,对本次实例项目进行简要介绍,这将对于配电系统选用的电源、电压、变压器、容量的确定和备用电源的选择来说,都是非常重要的。

(1)地下室包括 150 m² 的变配电所,里面有发电机房、储油间、变配电值班室。发电机房对于一个建筑群来说非常重要。对于周边的建筑来说,有一些二级负荷、一级负荷的备用电源来源都可以从发电机房引入,但是因为对于建筑的要求比较高,其他的建筑下面不一定有备用电源。在考虑发电机房备用电源容量的时候,除了本建筑二级负荷的备用电源之外,兼顾考虑本建筑四周的备用负荷。所以,这次发电机初次定位 800kV。

(2)本次实例项目基本上包括三个部分:普通车库部分 3000 m²,商业部分 8550 m²(一至三层),办公室部分 10600 m²(四至七层)。根据各类建筑物的单位建筑面积的用电指标(见表 6-3)进行计算的话,可计算出变压器的容量大概需要 1600kV,就需要分设两台 800 kV 的变压器供电。针对初学者而言,对于本次项目仅采用一台变压器,对变压器与低压配电柜的绘制进行介绍。

表 6-3　各类建筑物的单位建筑面积的用电指标

建筑类别	用电指标(W/m²)	变压器容量指标(VA/m²)	建筑类别	用电指标(W/m²)	变压器容量指标(VA/m²)
公寓	30~50	40~70	医院	30~70	50~100
宾馆、饭店	40~70	60~100	高等院校	20~40	30~60
办公楼	30~70	50~100	中小学	12~20	20~30
商业建筑	一般 40~80	60~120	展览馆、博物馆	50~80	80~120
	大中型 60~120	90~180			
体育场、馆	40~70	60~100	演播厅	250~500	500~800
剧场	50~80	80~120	汽车库(机械停车库)	8~15(17~23)	12~34(25~35)

柴油发电机(见图 6-4)的容量应考虑本建筑所有的二级负荷备用电源以及本实例项目周边可能的负荷需要的备用电源。发电机有一个启动的要求,在高压电源施电时 15s 内启动、30s 内达到稳态运行,提供应急的备用电源,并保证所有的二级负荷用电。高压电源假设直接是由园区的高压配电室埋地引入的,高压系统假设采用单母线不分段、高控高技,计量是在高压的配电室完成的。

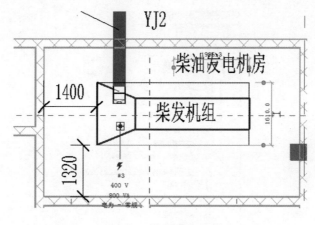

图6-4　柴油发电机

变压器假设选用的是环氧塑纸的干式变压器,因油浸式变压器在民用建筑里用得比较少,对防火等级的要求比较高,所以干式变压器比较符合普通的民用建筑要求。同时,变压器要求外带IP20的防护罩、变压器的接线端子出现、低压开关柜密切配合接线无误。低压配电柜采用GCS的抽屉式开关柜,大概的容量选择、备用电源的初步介绍就是这个情况。后面章节将针对这个项目的建筑资料,进行变电所的绘制介绍。

6.2.2　低压变配电室的绘制

下面讲一下低压变配电室的平面绘制以及柴油发电机房的平面绘制。

低压变配电室和柴油发电机房,主要从四个方面进行绘制,包括主电、备电、配电柜、电缆敷设。

该项目主电是从园区的高压配电室引入一路10kV的配线,所以需要一个高压环尾柜,在之前已经讲过族库的准备。所以现在需要提前准备一下族库,那就在项目样板里找到需要的族。其步骤为:在"项目浏览器"中单击"电气设备",选择"高压环尾柜"(见图6-5),按住鼠标左键不放,拖动到工作区域,开始绘制。在放置高压环尾柜时要注意放置的位置以及操作面的位置。

根据《民用建筑电气设计规范》中第四章,可找到相应的低压变配电室的各种配电柜以及变压器等的距墙距离。操作面选择是根据项目考虑的,需要设置两排柜子,面对面放置,所以操作面放置在如图6-6所示位置。

根据规范,高压环尾柜背面距墙平后应大于等于1m,接下来测一下距离。墙的厚度是0.2m,而高压环尾柜是自动识别到墙的距离,应让其距墙至少1.2m,距墙中心至少1.1m,同样的侧面距墙(根据规范)不小于1m(见图6-7)。

图 6-5　项目浏览器中高压环尾柜的选择

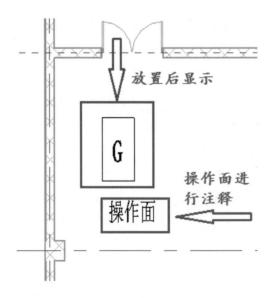

图 6-6　操作面的设置

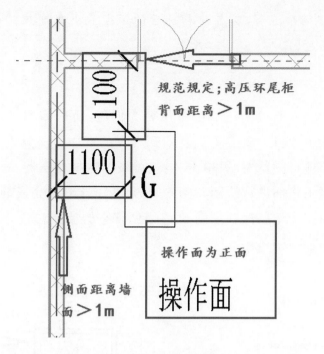

图 6-7　高压环尾柜背面距离大于 1 m

 规范梳理

《民用建筑电气设计规范》配电设备的布置

此规定适用于工业厂房和民用建筑一般场所内的配电设备的布置。

变电所低压配电室的配电设备布置，应符合国家标准《10kV 及以下变电所设计规范》(GB50053—94)的规定。

第 1 条 配电室的位置应靠近用电负荷中心，设置在尘埃少、腐蚀介质少、干燥和震动轻微的地方，并宜适当留有发展余地。

第 2 条 配电设备的布置必须遵循安全、可靠、适用和经济等原则，并应便于安装、操作、搬运、检修、试验和监测。

第 3 条 配电室内除本室需用的管道外，不应有其他的管道通过。室内管道上不应设置阀门和中间接头；水汽管道与散热器的连接应采用焊接。配电屏的上方不应敷设管道。

第 4 条 落地式配电箱的底部宜抬高，室内宜高出地面 50mm 以上，室外应高出地面 200mm 以上。底座周围应采取封闭措施，并应能防止鼠、蛇类等小动物进入箱内。

第 5 条 同一配电室内并列的两段母线，当任一段母线有一级负荷时，母线分段处应设防火隔断措施。

第 6 条 当高压及低压配电设备设在同一室内时，且二者有一侧柜顶有裸露的母线，二者之间的净距不应小于 2m。

第 7 条 成排布置的配电屏，其长度超过 6m 时，屏后的通道应设两个出口，并宜布置在通道的两端，当两出口之间的距离超过 15m 时，其间尚应增加出口。

第8条 成排布置的配电屏,其屏前和屏后的通道最小宽度应符合《民用建筑电气设计规范》表3.1.9的规定。

1. 变压器的绘制

高压引进环尾柜之后,通过变压器由中压变为低压,所以需要 1 台变压器。前面已经讲过变压器的选型,这个项目大概需要 2 台 800kVA 的变压器。先以绘制 1 台变压器作为教学例,其步骤为:在"项目浏览器"里单击"电气设备",选择变压器800kVA(见图6-8),按住鼠标左键不放,拖至工作面进行绘制。图6-9是变压器绘制完成的显示图。

可根据实际项目在"类型属性"(见图6-10)调整它的参数。

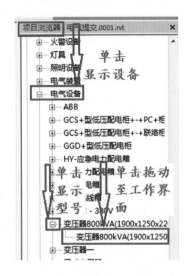

图 6-8　选择变压器 800 kVA

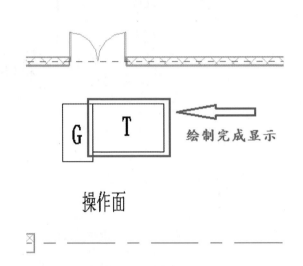

图 6-9　变压器绘制完成

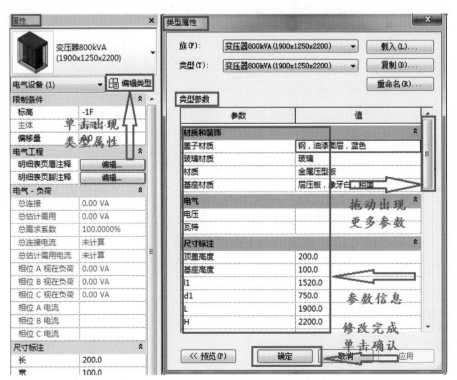

图 6-10　在类型属性调整参数

2. 低压配电柜的绘制

变压器设置好之后，将其引入到低压配电单元。需要绘制1个低压的接线柜，选1个GCS抽屉柜，这是很常见的做法。要注意操作面，鼠标可以放置的地方是其背面，可以看到十字鼠标，跟前面保持一致。

其步骤为：在"项目浏览器"里单击"电气设备"，选择GCS−600×800×2200型号配电柜，按住鼠标左键不放，拖至工作界面（见图6−11）。同时切换到三维视图，检查操作面是否放置正确。

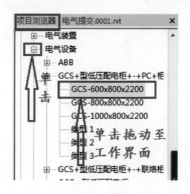

图6−11 将配电柜拖至工作界面

可将绘制的配电柜进行标记，其步骤如下：在"属性"常规选项里，将配电量名称修改为"低压进线柜"（见图6−12），这样就可以方便以后注释。因出图前需要1个注释，也就是方便项目今后不同阶段的人对模型的识别。

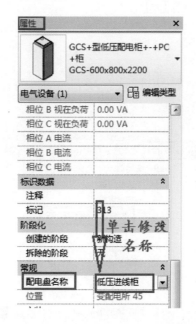

图6−12 属性中配电量名称的修改

低压进线柜有了之后，需要馈出柜，把配线引到整个项目的配电设备中。馈出柜同样也是用GCS抽屉柜，选择1个GCS1000×800×2200型号（见图6−13）的低压馈出柜之后，需要1台补偿柜，从中选择GCS800×800×2200型号的（见图6−14）即可。

图 6-13　馈出柜类型

图 6-14　补偿柜型号

以上所选的低压接线柜、低压馈出柜、补偿柜都是按照实际的项目需求来设置的,其尺寸都是可以改变的。接下来可以多绘制几个馈出柜,根据这个项目的估算,其需要的馈出柜数量是比较多的(见图 6-15)。

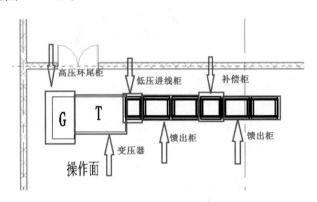

图 6-15　馈出柜数量显示图

主电所包括的配电柜已经画好,根据这个项目要求,备用电源采用柴油发电机,选 1 个 800kVA 的柴油发电机(见图 6-16)。

图 6-16　发电机设备的选择

柴油发电机排烟口要对着对应的烟井(见图 6-17)。柴油发电机的放置根据《民用建筑电气设计规范》第六章,对各个边距墙的距离都是有一定要求的,一般操作面距墙的距离应该大于 1.5m,背面及侧面距墙的距离要求都应该在实际操作中按照规范来进行。

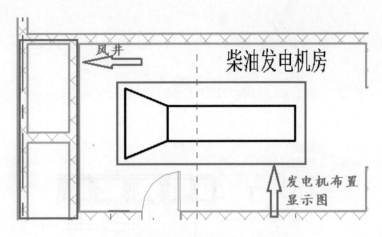

图 6-17　柴油发电机排烟上对着对于应的烟井

除此之外,备用电源也需要进线柜和馈出柜,所以要设置 1 个 GCS 进线柜,需要注意的是(见图 6-18)这样操作就在对墙这边是不符合前期规划要求设两排操作的规则,所以应旋转一下。并在属性中将"配电量名称"标注为油机分线屏(见图 6-19)。油机分线屏与低压接线柜的作用是一样的。

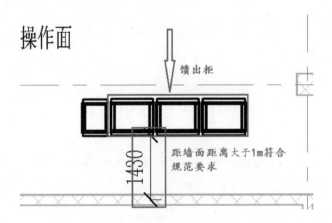

图 6-18　馈出柜距墙面距离大于 1m

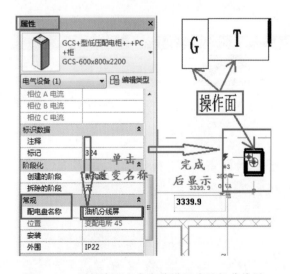

图 6-19　属性中配电盘名称设置为油机分线屏

有了进线之后,需要给末端设备配电,同样也需要馈出柜,采用 GCS1000×800 型号的,并标记为备用电源馈线柜。此时再确定一下,背面距墙应该不小于 1m。说明符合规范要求,无需进行调整。

接下来,测一下操作面的近距(见图 6-20),即操作面的近距约为 3m,满足要求规范要求。

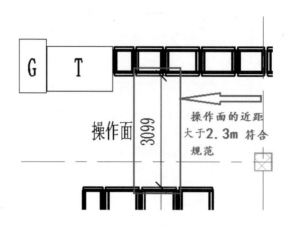

图 6-20　测量操作面的近距

双排对面操作的操作距离不小于 2.3m,按照项目规划应再设置 1 台 800kVA 的变压器,读者可自己进行操作演练。

3. 电缆敷设

电源准备好之后,需要将其分配给各个末端的用电设备。在低压变配电室里,主要是通过电暖沟的方式进行敷设的。一般传统方式中电暖沟在电气和土建的平面图中都会体现,在建筑模型中进行电暖沟的绘制,因为电暖沟的基础是在土建模型中。

另一种方式,是母线桥的方式,比如,通过母线将备用电源和主电源联系起来。操作演示步骤如下:

(1)单击"系统"选项卡,选择"电缆桥架"工具(见图 6-21),母线绘制的方式和桥架一样,主要是站位和敷设路径的设置。

图 6-21　电缆桥架的选择

(2)在"属性"栏选择需要的设备,单击拖动至工作界面(见图 6-22)。

(3)在电脑屏幕右下角会弹出对话框,显示"楼层平面:-1F 配电中不可见"(见图 6-23),表明设置有问题,需要重新调整。

其原因在于,视图范围应小于 2m,而目前绘制的视图范围已经超过这个数据,所以将"顶"设置为"标高之上","抛切面—偏移量"设置为 1500(见图 6-24)。

之前在过滤器设置的讲解中,将母线设置为红色,所以在这里对应显示出来的颜色就是红色的(见图 6-25)。

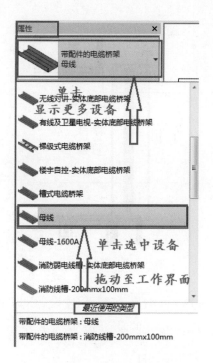

图6-22 将选中设备拖至工作面

图6-23 警告示意图

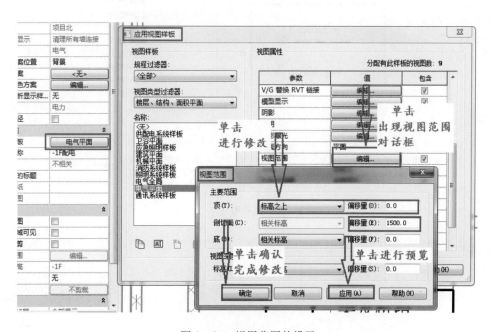

图6-24 视图范围的设置

母线在绘制时应大概算一下其站位是多少,就可以通过类似桥架的尺寸来进行站位。同时看一下土建的图,会有一个梁,若有现成结构模型,可以直接链接进来,看一下梁底是多少。

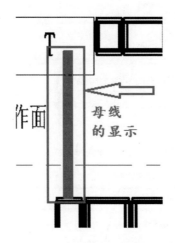

图 6-25 母线的设置显示

实例项目的主梁按照 1m 考虑,母线要在梁下敷设,所以看一下"立面"(见图 6-26),负一层标高是 5.1m,净距就是 4.1m,可将偏移量设置为 3.1m(见图 6-27)。

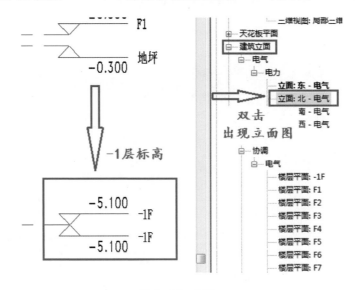

图 6-26 立面

图 6-27 偏移量设置(一)

绘制电缆桥架,要与主控馈电柜进行联络,水平母线是 3.1m,柜子是 2.2m,所以母线往下翻,进行设置时应下翻到 2.2m 的地方(见图 6-28、图 6-29),在三维视图可核发查一下(图 6-30),可看到母线已经翻过来了。并且两个配电柜已经建立了,联络关系也建立好了(见图 6-31)。

图 6-28 偏移量设置(二)

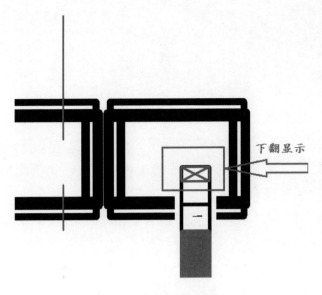

图 6 - 29 母线下翻示意图

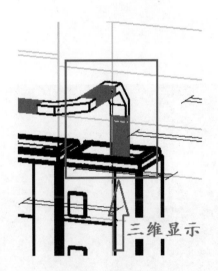

图 6 - 30 三维示意图

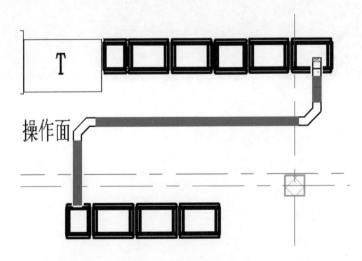

图 6 - 31 操作面示意图

当从低压变配电室把电暖线引到各个末端的时候,里面主要以走地沟和母线桥的方式。若要引出来的话，需要进行桥架的敷设。在下节将介绍进行桥架的敷设及需要注意的事项。

6.2.3 配电系统

在完成了变配电所的绘制之后，就真正进入到了低压配电的环节。低压从变电所的低压配电柜输出之后，就进入到了本项目设立的单体配电的范围了。

下面将结合本章的第 3 节常用电气设备的配电，给大家介绍配电系统。由于 Revit 软件在干线系统图上的绘制并没有很大的优势，因此对配电系统不再赘述。

Revit 软件体现的优势在于参数的模型结合，体现的是整体性和直观性。干线系统在 BIM 应用里应该是水到渠成的最后一步，当把整个电气从头到尾完善之后，电力系统就已经在信息模型中生成了。只不过目前 Revit 软件还没有把模型的信息按照国内的电气设计人员的绘图习惯提取出来，但在不久的将来，随着 BIM 软件的不断完善，配电干线系统图的生成问题会迎刃而解的。

下面，在 Revit 软件里插入一张 CAD 截图（见图 6 - 32），基于此图来大致说明干线走向和配电箱。

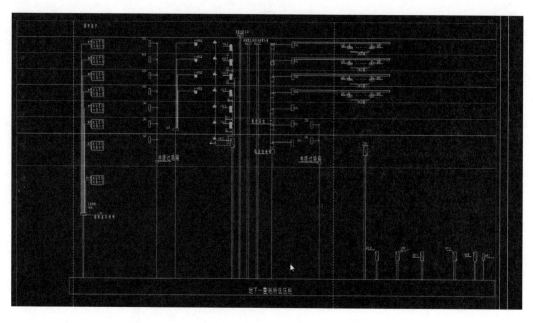

图 6 - 32　CAD 截图

下面就该图来介绍一下进线的负荷分类，大致可分为三类：即空调、电力、照明。

根据前章的分析，照明可分为公共照明、一般照明、消防应急照明。

1. 公共照明

公共照明，在前章分析为二级负荷，所以必须是两路进接线进入进线箱；普通照明因为是三级负荷，所以只提供一路进线；消防应急照明是两路进线到－1ALZ 应急照明总箱中。空调采用预分支电缆的形式，在每层设一个空调的接线箱、动力箱，提供每一层所有的功能负荷从该箱引出。

其他的特殊用电，比如每层办公区域都需要公共热水器提供开水，出于计量方便单独

引进了一路线,设在二楼的 2AR 箱(见图 6-33)。四至七层的办公室,每层设置一个热水器的箱,从 2AR 箱放射上去。

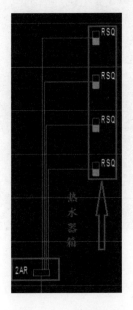

图 6-33　热水器箱

2.普通照明

普通照明,主要包括一至三层的商业照明,即普通商铺的日常用电、插座、普通照明等,都从每一层的层箱里引出。办公方面,每一个小办公室设 1 个电箱,在层箱上做 1 个集中地电表,将电表和层箱设置到一起(见图 6-34),因容量比较大,初步采用插件母线的形式。

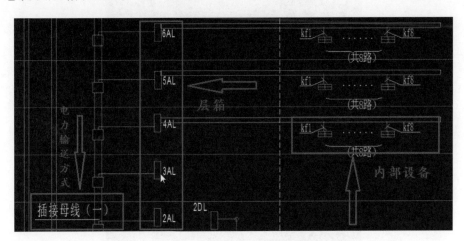

图 6-34　将电表和层箱设置到一起

2DL、1DL 是商业扶梯(见图 6-35)(扶梯是动力设备),单独给它设置一个预分支电缆。若三至七层有大的动力设备,也从这个回路里循环。

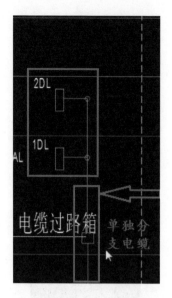

图 6 - 35   2DL、1DL 是商业扶梯

1XF 是一层消防控制室单独的电源箱,是两路直接放到配电末端(见图 6 - 36)。

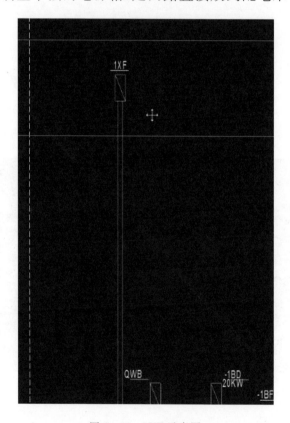

图 6 - 36   1XF 示意图

潜污泵、变电所、鼓风机、排烟风机都属于消防设备。生活泵(SHB)的负荷等级比较高,同样是两路电源,直接放在生活泵的配电箱中。换热站配电箱(HRZ)是预留的,电量需要后期暖通提供才能具体确定,因电量比较大,单独放置比较合适(见图 6 - 37)。

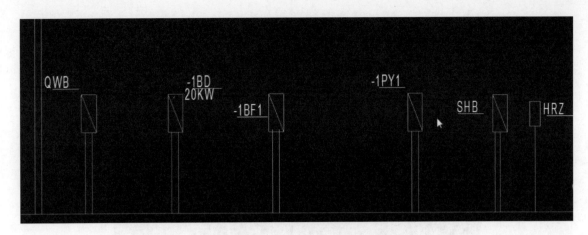

图 6 - 37　换热站配电箱(HRZ)示意图

　　整个配电的大骨架,从地下一层变配电所的低压柜放射出来,所有的回路都在图上一目了然,设计师根据这张图纸来进行配电。具体的容量需要在配电完成后从末端开始往前推,才能具体落实确定最终各个总箱和层箱的容量。

3. 应急照明

　　接下来,单独讲一下应急照明系统,目前规范要求大商业、办公需要用到智能型的应急照明系统。

　　智能型的应急照明系统目前形式比较多,有集中供电分散控制、分散供电的分散控制等好几种。设计师需要从价格和适用的建筑物类型来具体选择。

　　目前,通过应急照明总箱(−1ALEZ)(见图 6 - 38)放射供电到智能照明的安全电压控制器分机。

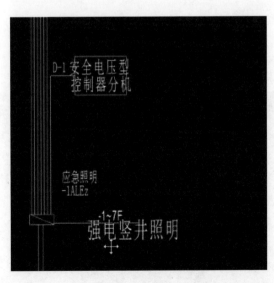

图 6 - 38　应急照明

　　控制分机相当于 1 个配电箱,末端所带的疏散应急灯、疏散标志指示灯都从控制分机来出现,相当于传统上的常应急照明箱。

　　对于电气人员来说,必须对常用的电气设备特性有一定的了解,比如设备的主要用电参数、启动特性、多台设备在具体应用场合的同时系数、设备在建筑中的用电负荷等级等,这些都直接影响配电方式的选择和保护器的选择。

以图 6-39 两个动力设备来说,客梯配电箱、消防电梯配电箱属于动力设备,配电箱在断路器的选择上,需要考虑末级断路器的启动电流可能会很大,因其连接的是大负荷的电机。

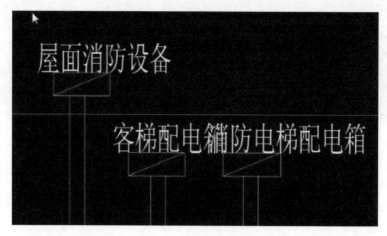

图 6-39 动力设备

在选择断路器的曲线特性,也就是脱扣器特性时,一般需用到 D 曲线的特性,因其连接有启动电流很大的电机负载。像屋面消防设备,因现在并没有确定屋面是否有消防的稳压泵之类的负载,故按照消防负荷两路电源放射到末端的配电箱,控制箱电源从此引接。

客梯配电箱、消防电梯配电箱需要分开,因客梯配电箱不属于消防负荷。在发生火灾的时候要归底,归底之后门打开是断电的。而消防电梯属于消防负荷,在火灾发生的时候,仍需要正常的使用。

在平面图中(见图 6-40)可以看出,消防电梯和普通客梯是设置在一起的,理论上讲一个大的配电箱就可以带动所有的控制箱,但是为了消防时控制方便,尽量不发生误切的情况,设置时会将消防电梯的配电箱严格分开。

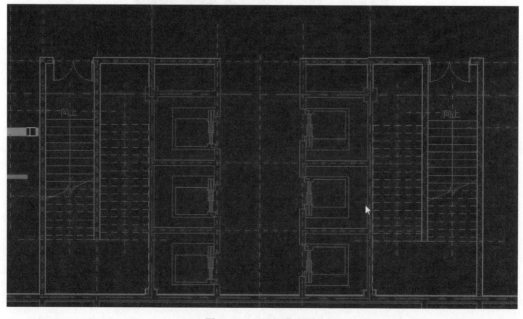

图 6-40 配电平面图

初学者在学习过程中,应特别注意电气的型号、特性。例如扶梯、风机房的配电也要格外注意,在保护器件的选择、线路敷设的方法上与一般的设备是不太一样的。

◆ 6.3 常用末端用电设备

前面讲解了变配电室里面的设置、管线的设计,通过桥架从变配电室把电引到每一层的电井里。下面,以办公标准层为例,来讲解建筑物里末端用电设备的设计。

末端用电设备按照能耗监测系统的规范,把建筑物里的所有用电可分为四项:即照明插座用电、空调用电、动力用电、特殊用电。下面将通过这四项来讲解末端用电设备的配电设计。

6.3.1 照明插座用电

照明插座用电,即建筑物里照明和插座的用电,照明包括应急照明、日常照明等(后期照明方面将有专项的教学,不再作具体的操作演示)在此只简单介绍。

图 6-41 是一个已经布好的办公室示意图,采用双管荧光灯,照明末端已经布好,门口布置了控制开关,这时模型就建好了。

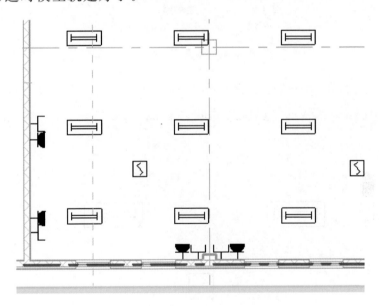

图 6-41 办公室示意图

看一下三维效果,见图 6-42,灯具在天花板的布置效果就是这样呈现的。

插座用电方面,选择一个日用办公插座就可以了,安装高度可以设置为 300mm(见图 6-43),插座布置并不是随意排列的,而是有要求的,像办公室在布置前需要建筑设计方提前将工位确定好,即办公工位的大概格局,有多少个工位,按照工位进行安排末端插座。在这里为了讲解得更清楚一些,作者提前将一些弱电插座已画上去了。假设工位配置和弱电插座配置差不多,末端配电就要结合弱电来设计。

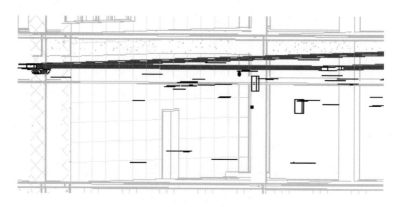

图 6-42　灯具的三维效果

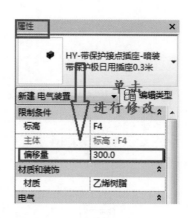

图 6-43　安装高度的设置

　　要保证每个弱点插座配一个强点插座,所以在弱点插座附近设置配电插座(见图 6-44),这是最基本的保证,当然也可以配置得再多一点。

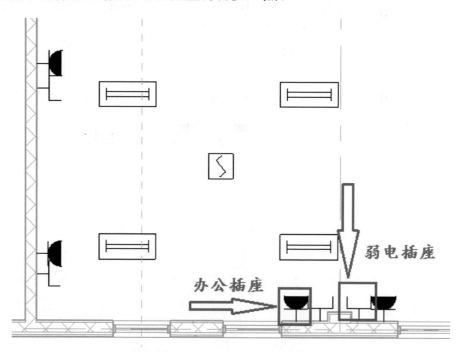

图 6-44　弱电插座附近设置配电插座

这样布置的好处在于,利用 Revit 软件建模时在配电平面可提前把会涉及碰撞的模型在视图样板里调出来。比如在配电平面为使一些模型可见,可调节视图样板。

将弱电插座模型可见之后,在实际工作中画强电插座的时候可以避开弱电插座,这也是对末端进行碰撞检测。

接下来,把办公室的插座布置完毕,见图 6-45。相对而言,房间的末端用电设备都已布置完成了。

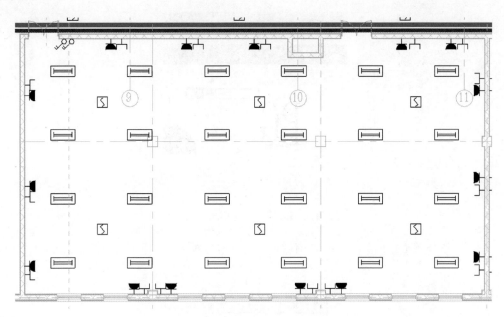

图 6-45　办公室插座布置示意图

因这该层都是面积较大的办公室,运营时可能会进行出租,因此还要为每间办公室设立独立的配电箱,将这种住户配电箱标记为"户内配电箱 BG"。其操作步骤为:①在"项目浏览器"里单击"住户配线箱",选择"DB-3A-02"型号,左键单击按住鼠标不放拖至工作界面,进行绘制(见图 6-46)。②在属性栏的常规选项中,将配电盘名称更改为"户内配电箱 BG"(见图 6-47)。③同时,在图中也标记成"BG",在选项卡单击"注释",并单击文字命令"A"(见图 6-48),在工作界面中直接输入文字"BG"即可,完成后显示如图 6-49 所示。

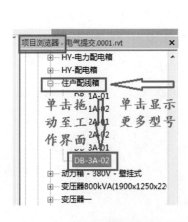

图 6-46　住户配线箱的的选择　　　　图 6-47　配电盘名称

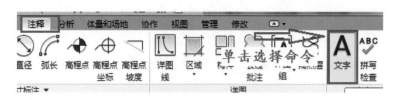

图 6-48 "注释"选项卡中的"文字"命令

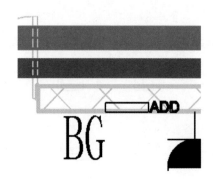

图 6-49 "户电配电箱 BG"

注意一下,办公室的高度 1.2m 是不符合实际的,所以应将其高度设置到 1.8m(见图 6-50)。

图 6-50 办公室高度设置

当前用户的配电箱就放置好了,那么该用户的末端配电箱如何向末端照明和插座供电呢?根据《建筑照明设计规范》(GB50034-2004)的要求,在照明系统中,每个单项的分支回流电流不能超过 16A,也就是说每一回路光源不能超过 25 个,在实际设计中就是指导线从配电箱引出来时需要先用将所有的灯具先连接起来。

用 1 个回路将所有的灯具连接起来以后,就可以实际看到具体有多少光源。1 个双管荧光灯有 2 个光源,16 个灯是 32 个光源(见图 6-51),明显超过了 25 个,不符合要求,所以该办公室最好设置 2 个回路(见图 6-52),将所有的灯具设置完,照明回路就可以连接完毕。

那么插座有什么要求呢?插座一般是要求 1 个回路不超过 10 个插座,同样的方式,从办公回路引出有 2 个回路带插座,这样办公室的配电就完成了。

电流从变配电室引入电井之后,电井要设置一个照明插座的层箱,即"照明配电箱-明

装"。其具体操作步骤如下：在"项目浏览器"里单击"照明配电箱"，单击选择"标准"（见图 6 - 53），按住鼠标左键不放拖动至工作界面，进行绘制如图 6 - 54 所示，照明配电箱即已设置完成。

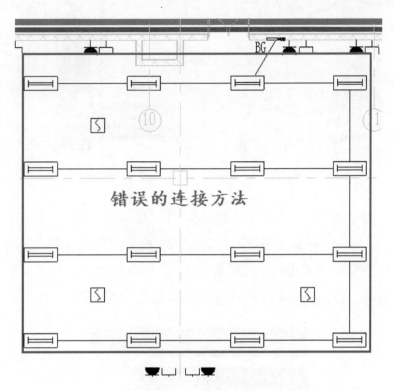

图 6 - 51　灯具的连接

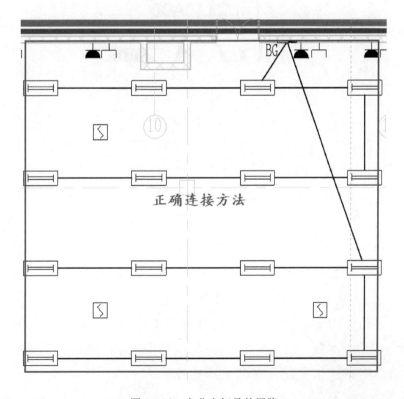

图 6 - 52　办公室灯具的回路

图 6-53　照明配电箱的选择

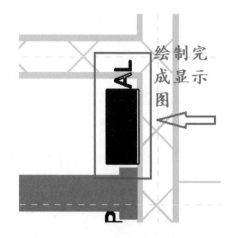

图 6-54　照明配电箱的绘制

因一般的设备间里面、电井等箱体都是明装的。从室内的办公箱到层箱用电缆走桥架引进即可(见图 6-55)。这样就形成了一个通路,电源从变配电室通过桥架引入电井,通过竖向的桥架引到每一层的照明箱,经过桥架到每一个出租用户。同样,像其他的办公室其末端配电也是类似的设置方式,读者可以自己练习操作一下。

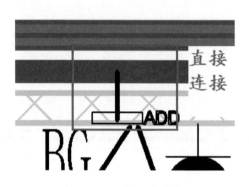

图 6-55　电缆的引进

6.3.2　动力用电

以项目实例的建筑来说,并不是每一层都是动力用电,动力用电主要包括风机用电、电梯用电、水泵用电。水泵、风机的位置以及电力的大小等参数,水暖工程师会确定并提供详细信息。风机一般会设置在风机房,看一下负一层,水暖工程师一般也会告知风机房的风机是 10kW 还是 20kW,比如风机房需要多大的电量已经确定了,留一个配电箱即可。在实际设计时要将一次图、二次图画出来。同样,配电和照明系统一样,从桥架拉线缆到配电箱即可。

当然,像地下室动力用电,可直接从电配电室通过桥架引,就不需要再设置层箱了。

动力用电除了风机、水泵之外,还有电梯。电梯用电可根据电梯容量确定,电梯配电一般放在机房,下面介绍新建机房层视图的演示操作。

(1)单击"视图"选项卡,在工具栏里单击"平面视图",出现下拉菜单,单击"楼层平面"命令(见图 6-56)。

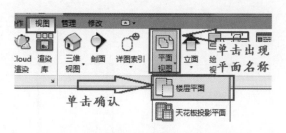

图 6-56 "视图"选项卡里的"楼层平面"命令

（2）弹出"新建楼层平面"对话框，选择"屋面 WF"，单击"确定"（见图 6-57）。

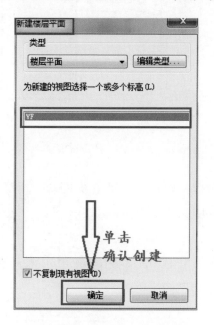

图 6-57 "屋面 WF"的选择

（3）工作界面就会显示出屋面视图（见图 6-58）。

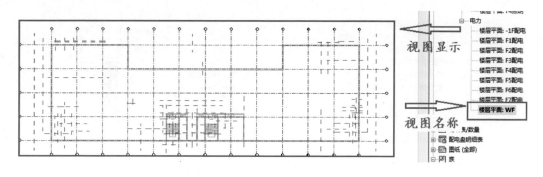

图 6-58 屋面视图

其中，电梯机房是两个（见图 6-59），其底下都是电梯。

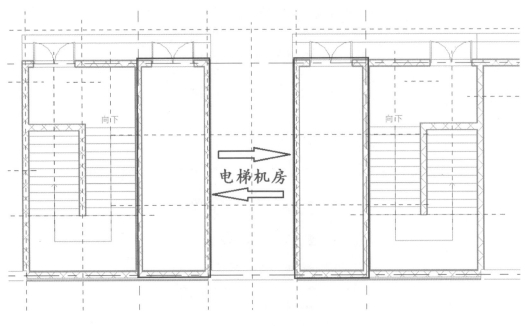

图 6-59　电梯机房

那么,如何进行电梯配电呢? 一般做到配电箱即可,给控制箱预留 1 个位置,再把电引入即可。具体的专业控制是由厂家来提供的。

其操作步骤如下:

(1)在"项目浏览器"里,选择"PB709"动力箱并单击拖动至工作界面(见图 6-60)。

(2)在工作界面中进行绘制(见图 6-61)。

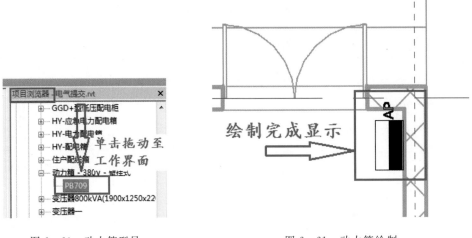

图 6-60　动力箱型号　　　　　　　　　图 6-61　动力箱绘制

(3)在属性栏的"常规"选项中,将"配电盘名称"更改为"DT1"(见图 6-62)进行标记。

图 6-62　配电盘名称

（4）同时在图中在进行标记在选项卡单击"注释"，单击文字命令"A"（见图 6-63）。

图 6-63　文字命令

（5）在工作界面标记为"DT1"（见图 6-64）。

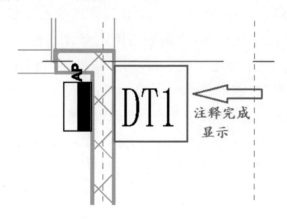

图 6-64　工作界面标记

三台电梯可以用同一个配电箱，进行放射式的供电，电梯若容量一致标记也可以一样（见图 6-65）。

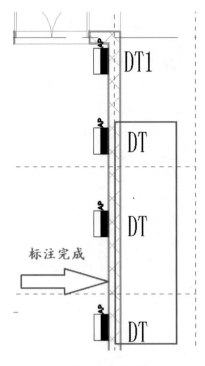

图 6-65　电梯的标记

从变配电室经过竖向电井和桥架将电引入到配电箱 DT1,从 DT1 给其他三个电梯的控制箱预留电即可。

同样,右边的电梯也预留配电箱,分别供给三个电梯控制箱即可。

6.3.3　空调用电

该项目实例建筑是商业和办公的综合体,空调形式要依据暖通工程师确定形式来设置。若用中央空调,空调主机、暖却塔、水泵等占配电综合的很大一部分,也就是说这些空调用电的电量都很大,尽可能在地下室配电;若用多联机,暖通工程师会说明室外机的配电位置方案,仅需要配电、预留配电箱即可。

另外,若是分体式空调,直接在层箱或者户箱只预留电量或空调插座即可。

下面,在该建筑四楼,假如暖通工程师选用分体式空调,根据其确定的电量来预留插座,但空调插座并不是随便预留的,要根据其设定的室内机、室外机大概的位置来确定。

注意:空调插座以前会直接与照明插座的箱子用在一起,但是按照相关的能耗监测规范,即使是以插座的形式进行配电,也要用单独的空调箱配套。

6.3.4　特殊用电

以该实例建筑来看,像一楼机房的消控室算是特殊用电,假如商业办公楼要设置电开水器,电量和具体的位置会大致预留,根据此位置预留 1 个末端配电箱即可。

例如,一般电开水器设计的位置会分布在厕所附近,要设 1 个开水间,预留 1 个配电箱(见图 6-66),并标记为"电开水器 KSQ"(见图 6-67)。

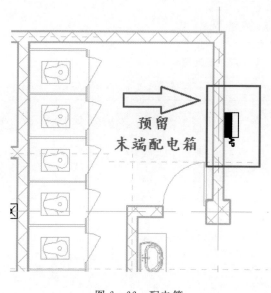

图6-66 配电箱

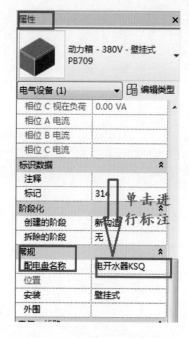

图6-67 配电箱的标记

电井经过横向桥架把线缆引进来,从桥架出来之后,用电缆从桥架引到配电箱即可(见图6-68)。

图6-68 电缆

电缆的规格和敷设方式在之前章节已经讲过,这里不再讲解规格的选型等内容,读者可根据设计手册进行了解,里面涵盖明确的要求。消控室要单独预留配电箱作配电设置,包括照明插座、消控室里的设备需要用的电,操作方法也是一样的。

 规范梳理

电缆规格的选型

表6-4 电缆规格的选型

类别		常用型号	导体标称截面(例)	电压			
				低压	中压	高压	超高压
电力电缆	35kV及以下交联聚乙烯绝缘电力电缆,其中:Y——代表聚乙烯 YJ——代表聚乙烯交联 L——代表铝芯 无L代表铜芯 22——代表钢带铠装 32——代表细钢丝铠装 42——代表粗钢丝铠装 ZR——代表阻燃 NH——代表耐火 V——代表聚氯乙烯	YJ(L)V 铜(铝)芯交联聚乙烯绝缘聚氯乙烯护套电力电缆	1×25 2×35 3×50 3×70+1×35 4×95 4×120+1×70 5×16	0.6/1kV及以下 五种标称截面均有	3.6/6kV及以下 只有单芯或三芯	35kV及以下 只有单芯或三芯	66kV以上 只有单芯
		YJ(L)Y 铜(铝)芯交联聚乙烯绝缘聚乙烯护套电力电缆					
		YJV(L)22 铜(铝)芯交联聚乙烯绝缘钢带铠装聚氯乙烯护套电力电缆					
		YJV(L)32 铜(铝)芯交联聚乙烯绝缘细钢丝铠装聚氯乙烯护套电力电缆					
		YJV(L)42 铜(铝)芯交联聚乙烯绝缘粗钢丝铠装聚氯乙烯护套电力电缆					
		ZRYJ(L)V 阻燃铜(铝)芯交联聚乙烯绝缘聚氯乙烯护套电力电缆					
		NHYJ(L)V 耐火铜(铝)芯交联聚乙烯绝缘聚氯乙烯护套电力电缆					
	聚氯乙烯绝缘电力电缆	V(L)V 铜(铝)芯聚氯乙烯绝缘聚氯乙烯护套电力电缆	同上	0.6/1kV及以下	\	\	\
		V(L)V22 铜(铝)芯聚氯乙烯绝缘聚氯乙烯护套钢带铠装电力电缆					
		V(L)V32 铜(铝)芯聚氯乙烯绝缘聚氯乙烯护套细钢丝铠装电力电缆					
		V(L)V42 铜(铝)芯聚氯乙烯绝缘聚氯乙烯护套精钢丝铠装电力电缆					
		ZRV(L)V 阻燃铜(铝)芯聚氯乙烯绝缘聚氯乙烯护套电力电缆					
	1kV及以下架空绝缘电缆	JKLY 铝芯聚乙烯绝缘架空电缆	240	0.6/1kV	\	\	\
	10kV、35kV及以下交联聚乙烯绝缘架空绝缘电缆	JKLGYJ—10 10KV钢芯铝交联聚乙烯绝缘架空电缆	300	\	\	35kV	\
	聚氯乙烯绝缘屏蔽电缆 P——代表屏蔽 R——代表软	RVVP 聚氯乙烯绝缘聚氯乙烯护套屏蔽软电缆	5×1.5	0.5kV	\	\	\
	控制电缆 K——代表控制	KVV 铜芯氯乙烯绝缘聚氯乙烯护套控制电缆	7×1.5	0.5kV	\	\	\
		KVVP 铜芯聚氯乙烯绝缘聚氯乙烯护套屏蔽控制电缆	10×1.5	0.5kV	\	\	\
		KVVR 铜芯聚氯乙烯绝缘聚氯乙烯护套控制软电缆		0.5kV	\	\	\
		KVVRP 铜芯聚氯乙烯绝缘聚氯乙烯护套屏蔽控制软电缆		0.5kV	\	\	\

表 6-4 续表

类别		常用型号	导体标称截面(例)	电压			
矿用电缆	0.66/1.14 及以下煤矿用移动型阻燃电缆	MY—0.38/0.66 煤矿用移动橡套软电缆	3×50+1×16	\	\	\	\
		MYP—0.38/0.66 煤矿用移动屏蔽橡套软电缆		\	\	\	\
		MYP—0.66/1.14 煤矿用移动屏蔽橡套软电缆		\	\	\	\
	额定电压 6/10kV 及以下煤矿用移动金属屏蔽监视型橡套软电缆	MYPTJ—3.6/6 煤矿用移动金属屏蔽监视型橡套软电缆	70+3×35/3+3×2.5	\	\	\	\
		MYPTJ—6/10 煤矿用移动金属屏蔽监视型橡套软电缆		\	\	\	\
	额定电压 3.6/6kV 及以下煤矿用屏蔽软电缆 T——代表金属 D——代表低温 Y——代表移动	MYPT—1.9/3.3 煤矿用移动金属屏蔽橡套软电缆		\	\	\	\
		MYP—3.6/6 煤矿用移动屏蔽橡套软电缆	3×16+1×16	\	\	\	\
		MYPT—3.6/6 煤矿用移动金属屏蔽橡套软电缆	3×35+3×16/3	\	\	\	\
		MYDP—3.6/6 煤矿用移动屏蔽橡套软电缆		\	\	\	\
		MYDPT—3.6/6 煤矿用移动金属屏蔽橡套软电缆		\	\	\	\
	额定电压 1.9/3.3 kV 及以下采煤机软电缆 M——代表煤矿(煤安证) C——代表采煤机 JR——代表绕包加强型 B——代表编织	MC—0.38/0.66 采煤机橡套电缆	3×50+1×10	\	\	\	\
		MCP—0.38/0.66 采煤机屏蔽橡套电缆	3×95+1×50	\	\	\	\
		MCP—0.66/1.14 采煤机屏蔽橡套电缆		\	\	\	\
		MCP—1.9/3.3 采煤机屏蔽橡套电缆		\	\	\	\
		MCPJR—0.66/1.14 采煤机屏蔽监视绕包加强型橡套电缆	3×50+1×10+2×2.5	\	\	\	\
		MCPJB—0.66/1.14 采煤机屏蔽监视编织加强型橡套电缆		\	\	\	\
		MCPTJ—0.66/1.14 采煤机金属屏蔽监视型橡套软电缆	3×95+1×50+1×50	\	\	\	\
	额定电压 6/10kV 及以下采煤机金属屏蔽橡套软电缆器 J——代表监视	MCPT—1.9/3.3 采煤机金属屏蔽橡套软电缆	3×70+1×35	\	\	\	\
		MCPTJ—1.9/3.3 采煤机金属屏蔽监视型橡套软电缆		\	\	\	\
		MCPTJ—3.6/6 采煤机金属屏蔽监视型橡套软电缆	3×120+1×70+1×70	\	\	\	\
		MCPT—3.6/6 采煤机金属屏蔽橡套软电缆	3×120+1×70	\	\	\	\
		MCPTJ—6/10 采煤机金属屏蔽监视型橡套软电缆		\	\	\	\
	0.3/0.5kV 级煤矿用电钻电缆	MZ—0.3/0.5 煤矿用电钻电缆		\	\	\	\
		MZP—0.3/0.5 煤矿用屏蔽电钻电缆	3×4+1×4+1×4	\	\	\	\

表 6-4 续表

类别		常用型号	导体标称截面(例)	电压		
矿用电缆	煤矿用聚氯乙烯绝缘电力电缆	MVV 煤矿用聚氯乙烯绝缘聚氯乙烯护套电力电缆	3芯	0.6/1kV	3.6/6kV	6/10kV
		MVV22 煤矿用聚氯乙烯绝缘钢带铠装聚氯乙烯护套电力电缆	3芯,3+1芯,四芯	0.6/1kV	\	\	\
		MVV32 煤矿用聚氯乙烯绝缘细钢丝铠装聚氯乙烯护套电力电缆	3×150+1×70	0.6/1kV	\	\	\
		MVV42 煤矿用聚氯乙烯绝缘粗钢丝铠装聚氯乙烯护套电力电缆	3×185+1×95	0.6/1kV	\	\	\
	煤矿用交联氯乙烯绝缘电力电缆	MYJV MYJV22 MYJV32 MYJV42	三芯	0.6/1kV	3.6/6kV	8.7/10 kV
	煤矿用通信电缆	MHYV 煤矿用聚乙烯绝缘聚氯乙烯护套通信电缆	2—5B	\	\	\
		MHYAV 煤矿用聚乙烯绝缘聚乙烯粘护层聚氯乙烯护套通信电缆	10—100B	\	\	\
		MHYA32 煤矿用聚乙烯绝缘聚乙烯粘护层镀锌钢丝铠装聚氯乙烯护套通信电缆	10—100B	\	\	\
橡套电缆	通用橡套电缆	YQ YQW 轻型橡套软电缆	3×6+1×4	0.5kV	\	\	\
		YZ YZW 中型橡套软电缆	3×10+1×6	0.5kV	\	\	\
		YC YCW 重型橡套软电缆	3×50+1×16	0.5kV	\	\	\
	电焊机电缆	YH 天然胶护套电焊机电缆		0.5kV	\	\	\
		YHF 氯丁或其它相当的合成弹性体橡套软电缆		0.5kV	\	\	\
	防水橡套软电缆	JHS	一芯,二芯,三芯,四芯	0.5kV	\	\	\
盾构机电缆	盾构机金属屏蔽阻燃型橡套软电缆	UGEFP 盾构机金属屏蔽阻燃型橡套软电缆	3×35+3×16/3+1×16	\	\	8.7/15kV	\
露天矿电缆	露天煤矿用高压橡套软电缆	UG UGF 露天煤矿用高压橡套软电缆	3×95;3×95+1×35	\	6kV	10kV
	露天煤矿用高压屏蔽橡套软电缆	UGFP 露天煤矿用高压屏蔽橡套软电缆	3×70;3×70+1×25	\	6kV	\
特种电缆	硅橡胶绝缘电力电缆印 G——代表硅橡胶	YGC 铜芯硅橡胶绝缘及护套软电缆	三芯,四芯	0.6/1kV	\	\
		YGC—F46R 铜芯聚全氟乙丙烯绝缘硅橡胶护套软电缆	三芯,四芯	0.6/1kV	\	\	\
		YGCB 铜芯硅橡胶绝缘护套扁电缆	3×120	0.6/1kV	\	\	\
	硅橡胶控制电缆	KGG 铜芯硅橡胶绝缘及护套控制电缆	19×2.5 等	0.45/0.75	\	\
	电子计算电缆	KGGP 铜芯硅橡胶绝缘及护套屏蔽控制电缆	12×2.5 等	0.45/0.75	\	\	\
		DJYPV 铜芯聚乙烯绝缘聚氯乙烯护套铜丝编织分屏蔽电子计算机电缆	10×2×1.5	0.3/0.5	\	\	\

注:我国常用导线标称截面(平方毫米)从小到大排列如下:1,1.5,2.5,4,6,10,16,25,35,50,70,95,120,150,185,240,300,…,2500。

关于电开水器,该建筑每一层都要设置,其他楼层就不再赘述。

到此为止,常用的末端设备基本就是以上这些,在此总结如下:①照明插座用电。照明插座用电要根据实际情况,看是否需要在末端的用户设置配电箱。②动力用电。动力用电包括水暖专业工程师提供的设备,比如风机、水泵、电梯用电。③空调用电。空调用电结合建筑物里暖通对空调设置的形式进行配电。④特殊用电。特殊用电包括控制机房的用电,比如消控室、弱电机房、电开水器等。若楼内有餐饮业态,其也属于特殊用电范围,可参考末端设备配电内容。

◆ 6.4 线路敷设与桥架的绘制

6.4.1 线路敷设

线路敷设在电气设备工程中是非常重要的部分,但在 Revit 软件中进行绘制却具有一定局限性。一般情况下,在三维视角里是可以看到母线段、强弱电的桥架、消防桥架、灯的走线线管的,在电气设计中,有很多钢管、PVC 管暗敷在墙里面,施工在浇筑的时候,将其浇筑到板里面,但在绘制的过程中,有一些管子是没办法体现的(所以将其归结在第 6 章的 1 个小节里)。

线路敷设在电气方面包括很多种敷设方式,比如直敷布线、金属导管布线、金属线槽布线、钢性的塑料管道线槽布线、电缆桥架布线、电井内部竖直的直接布线、封闭式母线布线等,种类繁多。

之前讲过主干线上用预分支电缆的布线。布线在电气工程方面是比较繁多的,在不同的环境下,不同的负荷种类(包括消防负荷、非消防负荷)在裸露的时候需要用到不同等级的导线,根据截面、弯曲半径、大小来选择支架、桥架的大小等。

在介绍桥架和母线绘制之前,先对其进行一下初步了解。布线有一些基本的要求,首先要确定电力照明干线所需要的线路种类,针对本书的实例来看,电力照明的干线采用无卤低烟阻燃,即 WDZ 的节 1000kV,1kV 的无卤低烟阻燃的电力电缆。照明的主干线选择了封闭母线,支干线也是采用低烟无卤阻燃的 BY 节,根据最新的建筑设计规范要求,支干线的选择都要用到低烟无卤阻燃,其最低是阻燃,还有矿物绝缘电缆。而矿物绝缘电缆基本上使用与消防设备有关的电力电缆线路。电力电缆除了特别注明的以外,支线都可以采用低烟无卤阻燃 BY 节,代替了原来传统的 BV 导线,预分支电缆穿管之后,需要注意一些附表(见表 6-5、表 6-6)和一些关于出图时需要标注的线路方式,对于初学者来说,图中的一些标记符号必须记住,便于以后在识图时使用,而且这些是根据国家规范制定的,具有统一的标准。绘图人员识图或者施工方会根据这些标准来设置,无论采用什么方式,在图上进行出图标注时都应按照这些标准来标记。

表 6-5　线路敷设方式的标注

序号	名称	标注文字符号	序号	名称	标注文字符号
1	穿焊接钢管敷设	SC	8	用钢索敷设	M
2	穿电线管敷设	MT	9	穿聚氯乙烯塑料波纹电线管敷设	C
3	穿硬塑料管敷设	PC	10	穿金属软管敷设	CP
4	穿阻燃半硬聚氯乙烯管敷设	PC	11	直埋敷设	DB
5	电缆桥架敷设	CT	12	电缆沟敷设	TC
6	金属线槽敷设	MR	13	混凝土排管敷设	CE
7	塑料线槽敷设	PR			

表 6-6　线路敷设部位的标注

序号	名称	标注文字符号	序号	名称	标注文字符号
1	沿或跨梁(屋架)敷设	AB	6	暗敷在墙内	WC
2	暗敷在梁内	BC	7	沿天棚或顶板面敷设	CE
3	沿或跨柱敷设	AC	8	暗敷在屋面或顶板内	CC
4	暗敷在柱内	CLC	9	吊顶内敷设	SCE
5	沿墙面敷设	WS	10	地板或地面下敷设	F

例如两个关于 BV 型绝缘线穿钢管管径选择(见表 6-7、表 6-8),可通用 BY 节。

现在传统上使用 WDZ 的 BY 节代替 BV 型导线来进行线路的设计,也可以以表 6-7、表 6-8 作为参考。因为基本上导线的截面是 1∶1 的同等地态,所以导线根数、该敷设面积都可以进行参考:①电缆敷设时,电缆的最小允许弯曲半径不应小于表 6-9 所列数值。电缆引入振动源设备或通过建筑物变形缝时,应将电缆敷设成"S"或"Ω"型,弯曲半径应不小于电缆外径的 6 倍(6D)。②电缆敷设时,其固定点之间的距离应不小于表 6-10 所列数值。

表 6-7　BV 型绝缘线穿钢管管径选择　　　　　　　　　　单位:mm

导线截面(mm²)	导线根数							
	2	3	4	5	6	7	8	9
1.0	15				20			
1.5	15		20			25		
2.5	15		20			25		

表 6-8　BV 型绝缘线穿塑料管管径选择　　　　　　　　　　单位:mm

导线截面(mm²)	导线根数							
	2	3	4	5	6	7	8	9
1.0	16				20			
1.5	16		20			25		
2.5	16		20		25		32	

表 6-9　电缆的最小允许弯曲半径

电缆外径 D(mm)	D<7	7≤D<12	12≤D<15	D≥15
电缆内侧最小弯曲半径	2D	3D	4D	6D

表 6-10　电缆敷设时固定点之间的距离

电缆外径 D(mm)		D<9	9≤D<15	15≤D<20	D≥15
固定点间的最大距离(mm)	水平	600	900	1500	2000
	垂直	800	1200	2000	2500

关于聚氯乙烯导线穿管管径配合参照表见表 6-11。根据导线的内径对比进行选择。

表 6-11　聚氯乙烯绝缘导线穿管管径配合

穿管种类	穿管公称直径(mm)			
	15～20	25～32	40～50	65～100
	最大间距(m)			
钢管	1.5	2.0	2.5	3.5
电线管	1.0	1.5	2.0	—
刚性塑料管	1.0	1.5	2.0	—

除此之外,对于电缆桥架、预分支电缆穿过防火楼板、分割墙、预制板、伸缩缝时都会有相应的做法、穿管水平净距及保护要求,这些均可具体参考本教材的相关介绍。

穿管布线线路非常长时,应接拉线盒,2 个拉线盒之间的距离在本教材上都有讲解。下面对桥架线管进行绘制时将有所提及,比如桥架里要布导线时,导线截面不应超过桥架截面容量的 40％等相关知识,读者应先进行了解。最后,电缆在敷设时,需要作相应的固定。无论是电缆还是桥架,都需要作固定,其固定点之间的距离也要满足表 6-11 的要求。

总之,电路的敷设在电气设备专业在电气设计过程中非常重要,与施工的结合最紧密。

初学者必须了解敷设的特性、敷设通用的标注方法以及结合一些楼层楼板,目前现在的结构板块是多少,能埋入的最粗钢管管件是多少。在设计过程中,若是埋不进去要用其他办法处理(明敷、暗敷或者桥架),需要设计师根据现场的具体情况按照结构的具体要求调整线板、管件等。若必须缩小线板但又达不到要求时,可能会产生双拼等灵活的处理方法,这些都是基于工程师对线路敷设的熟悉程度。

下面针对此项目具体对一些线管、桥架、母线等竖向、横向进行绘制介绍。

在三维图 6-69 中,包括强电、弱电、消防桥架的竖向和横向的绘制以及在相互交叉时会运用到上翻、下翻的技巧。

6.4.2　电气桥架的绘制

本节将介绍电气桥架的绘制和设计,从不同系统的桥架、水平和垂直桥架、解决碰撞、标注等四个方面进行分析。

利用 Revit 软件进行模型绘制的一大优点,就是可以在模型建立完成以后进行管件综合,即对水、暖、电设备综合在一起进行碰撞检查,在施工图出图之前及时解决存在问题,以

图 6-69　项目三维图

免在实际施工中因此导致材料、时间、人力等成本的浪费。

1. 不同系统的桥架

对于电气系统,有不同的子系统需要桥架。配电系统需要配电桥架;照明系统需要照明桥架、线桥;消防系统、弱点系统两个子系统分别需要对应的桥架和线桥。电气专业不同系统的桥架主要有电力桥架、弱电桥架、消防桥架,照明有时候也会有桥架。在站位方面也可分为水平桥架、垂直桥架。垂直桥架一般主要集中在电井里,在这个项目的电井位置如图 6-70 所示。

而水平桥架最容易与水暖管线进行碰撞。在设计前,最好跟水暖专业的负责人共同进行水平站位的布置,比如设计的方案、标高的位置、水暖电水走最上层之类的问题,预先商量好这些问题就可以很大程度上解决一些碰撞。

下面在负一层的配电层面进行绘制介绍。若建立模型只是给对方提供信息化模型,让对方在模型里看,桥架建好之后,就自带所有的配电。

2. 消防桥架的绘制

绘制一段消防桥架其步骤为:在选项卡单击"系统",单击"电缆桥架"进行绘制(见图 6-71)。其配电的标高、偏移量、距地的宽度、尺寸、定位等在模型中是很清楚可以查到的。

因最终是要出施工图,标注就变得很必要。施工图从平面上来看,阅读施工图直接能看到尺寸、定位(见图 6-72)。

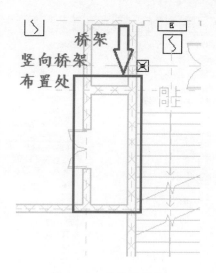

图6-70 电井的位置

图6-71 系统选项卡中的"电缆桥架"

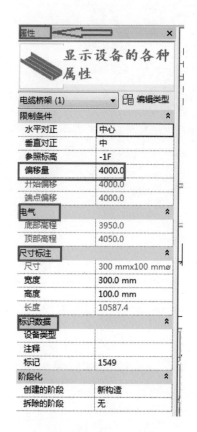

图6-72 施工图的属性

对于不同系统的桥架,以配电桥架、弱电桥架的绘制,应先调整电气过滤器(见图6-73),把弱电和配电的桥架都要调出来(见图6-74)。

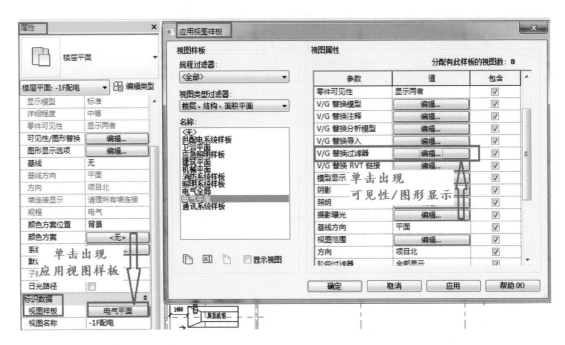

图 6-73　过滤器的调节

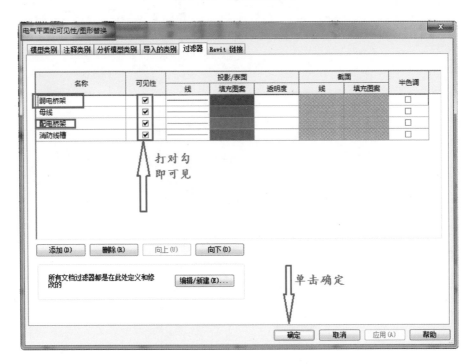

图 6-74　电气平面的可见性

之前讲过，在建模之前先要进行项目样板的设置。要先看一下，大概需要哪几个类型的桥架，并提前将模板建好。下面进行绘制弱电桥架的操作演示，其步骤如下：

（1）在"项目浏览器"里选择"弱电桥架 150×100mm"，按住左键不放拖动至工作界面（见图 6-75）。

（2）通过鼠标将选中的桥架拖动到工作界面时会出现"修改放置桥架"菜单栏，在此可修改相关参数（见图 6-76）。

（3）接着确定标高，假设电上是走在梁下，从立面看一下（见图 6-77），主梁若为 1m，桥架可以走在距地 4m 的位置。

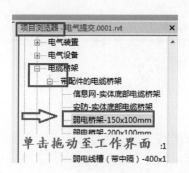

图 6-75 弱电桥架

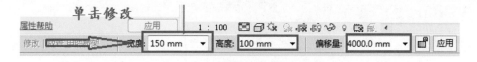

图 6-76 桥架参数的修改

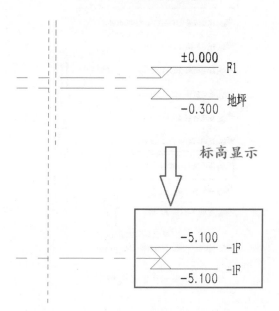

图 6-77 立面

(4)把标高改到 4m(见图 6-78),即桥架中部距地 4m,并非桥架底或者桥架顶距地 4m。

图 6-78 标高

(5)弱电桥架从一层的机房出来之后,进行引线。因为此处会有工件,考虑到设备机房要做楼控,在绘制中需预留。大概布置一下弱电桥架就绘制完成了(见图 6-79)。

3. 配电桥架的绘制

配电桥架的源头在低压电配电室,配电桥架选择"400×200mm"。其操作步骤如下:

(1)在属性中,选择单击"配电桥架 400×200mm",按住鼠标左键不放拖动至工作面板中(见图 6-80)。

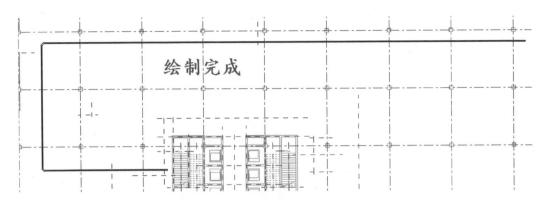

图 6-79　弱电桥架绘制完成示意图

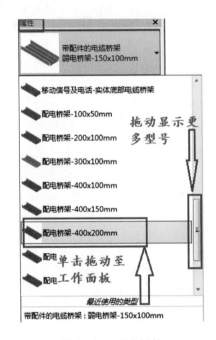

图 6-80　配电桥架

在做项目时,所有桥架的尺寸是根据楼里对应位置的线缆决定的。

(2)同样标高设为 4m,在绘制中,最终回到电井里(见图 6-81)。通过电井分配给楼上各个层,用弱电桥架进行联通是不对的(见图 6-81),应注意一下。但是绘制的过程中弱电和配电的桥架进行了联通,这也是错误的。

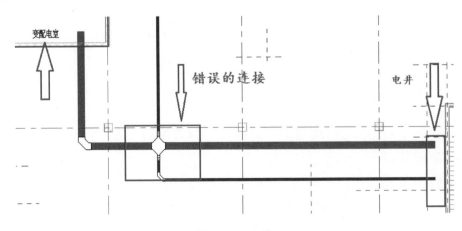

图 6-81　电井

（3）解决联通问题，需要取消"自动连接"。即在选项卡中单击"修改/放置电缆桥架"，单击选择"自动连接"（见图6-82），命令颜色消失即为关闭命令（见图6-83）。

图6-82 "自动连接"命令

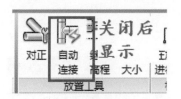

图6-83 关闭命令

（4）这样，就不会再通过弱电桥架了（见图6-84）。

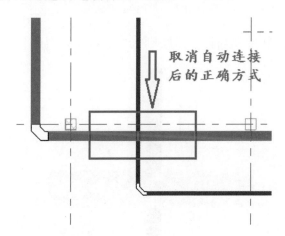

图6-84 取消自动连接

4. 解决碰撞

虽然所设桥架在二维视图里面显示是正确的，但是在三维里面看一下就会发现（见图6-85），专业间还没有碰撞前，专业内部就已经发生碰撞了。所以BIM的优势就是可以在绘制时就将出现的问题及时解决。

（1）通过管线的上翻、下翻操作解决碰撞。

碰撞的地方是在两个梁控之间，可借助梁控进行上翻。在绘制时，碰撞点若是刚好在两个梁之间是无法上翻的，这个可以根据经验避免。修改的操作步骤如下：

①单击"修改"选项卡，点击"拆分图元"，见图6-86。

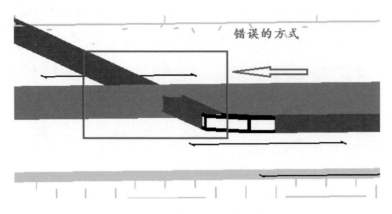

图 6-85 桥架的三维视图

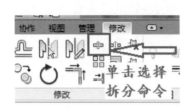

图 6-86 拆分图元

②用拆分命令打断弱电桥架(注意其原则为"小翻大,有压让无压"),见图 6-87。

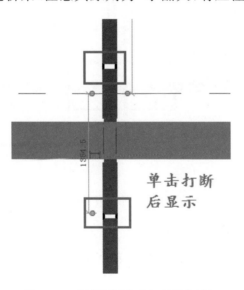

图 6-87 用"拆分"命令打断弱电桥架

③将桥架打断后距离拉大,以方便于上翻操作,见图 6-88。

④删除打断后留下的桥架活接头,见图 6-89。

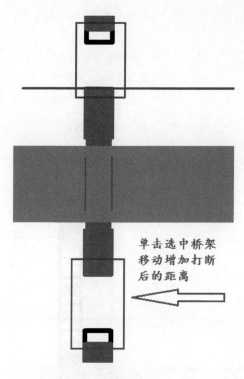

图 6-88　增加打断后的距离

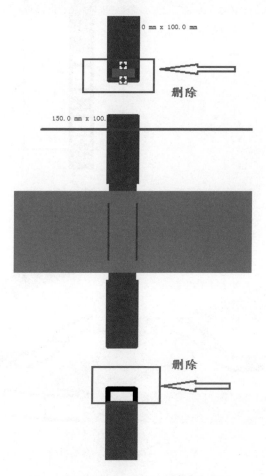

图 6-89　删除打断后留下的桥架活接头

⑤将拆分后的部分上翻,选择上翻300mm,将偏移量调至4.3m,见图6-90。

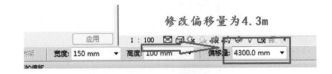

图6-90 偏移量调整

⑥调整完偏移量后将桥架进行连接,上翻操作即完成,见图6-91。

⑦在三维视图里可以很清楚地看到板块已经翻好并躲过了碰撞,见图6-92。

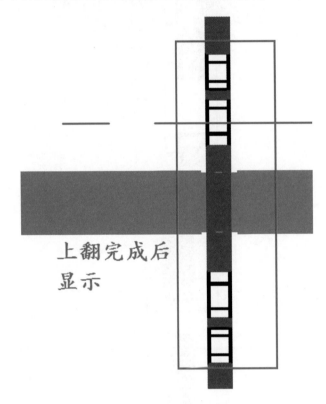

图6-91 连接桥架

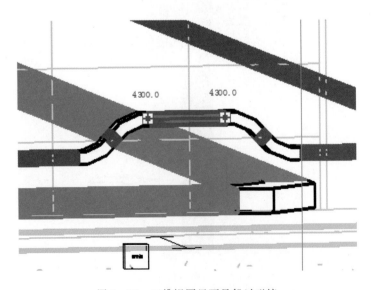

图6-92 三维视图里可见躲过碰撞

桥架的上翻或下翻,其管件配件处要有一定的地方才可以进行,这是与实际工程相结合的。但在用二维视图绘制的时候,可以进行随便上翻或下翻,结合实际工程情况就可以。

桥架上翻、下翻时管件要有足够的地方,若出现如图 6-93 所示的这种情况,说明位置不够,需要拉大桥架的间距。再次需要强调的是,桥架的上翻和下翻是结合实际工程情况设置的,并不是说可随意操作。

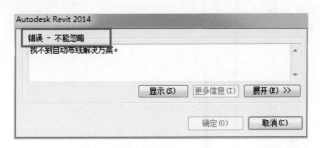

图 6-93 错误提示

以上就是管线上翻、下翻的示例操作介绍。对于水管、暖管也是同样的道理,进行上翻、下翻时要注意躲避梁,尤其是上翻时必须在梁控之间进行操作。其次要注意其操作原则"小管翻大管,有压让无压"。

(2)通过过滤器的调节解决碰撞。

弱电桥架的可见性要在过滤器里调节出来,原因是在绘制时,若弱电桥架不显示,只显示配电桥架,出现的碰撞是无法发现的。在后期进行碰撞检查时就会发现一大堆碰撞问题,这时比较难解决。所以一开始在绘制时,最好将过滤器的限制条件调宽松一些,以保证所有的桥架都可见。在调好碰撞的地方,出图前把过滤器的限制条件调到合适的图纸上即可。

如图 6-94 所示,"配电桥架-200×100mm"这个桥架是不符合实际的,选择"400×200mm"的稍微有些大,应该改小一些,改成"300×100mm"。

更改步骤如下:

①在"项目浏览器"里,单击"配电桥架 200×100mm"并按住鼠标左键不放拖动至工作界面(见图 6-94)。

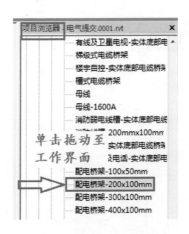

图 6-94 配电桥架型号的选择

②这时出现问题,有2个桥架没有连接(如图6-95所示的箭头指示处)。

③将其进行连接,拉至中心点(见图6-96)。

④完成修改后,负一层的桥架就绘制好了(见图6-97)。

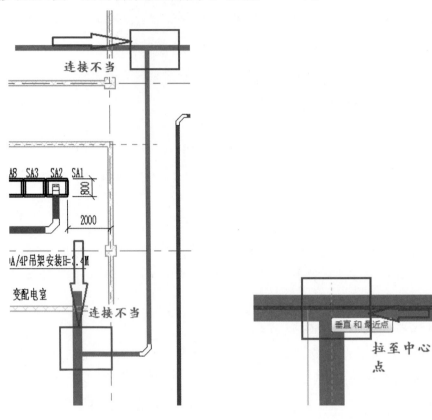

图6-95 桥架连接不当   图6-96 将桥架拉至中心点

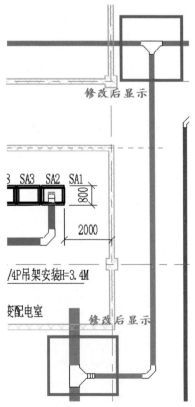

图6-97 桥架绘制完成

5. 垂直桥架的绘制

在垂直桥架电井处要进行上翻设置,从负一层走到七层,可以在立面视图中进行查看一下。要设置到七层的电井里最起码要到 25.5m 以上(见图 6-98)。

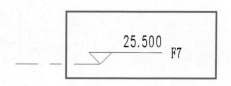

图 6-98　F7 的电井

(1)打开"楼层平面-1F 配电"将垂直桥架沿电井敷设上去,七层的立面视图下显示是 25.5m,而目前的标高距负一层是 4m(见图 6-99)。

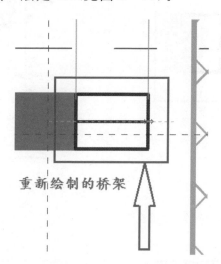

重新绘制的桥架

图 6-99　调整偏移量到需要的高度

(2)右击出现下拉菜单,选择"绘制电缆桥架",沿桥进行上翻设置,因现在的参照标准是负一层,目前是 25.5m,所以上翻加上负一层的高度的,最终上翻到 28m。将偏移量改为"28000mm"之后,点击"应用"(见图 6-100)。

图 6-100　对偏移量进行修改

(3)绘制完成后如图 6-101 所示。

(4)在三维视图里查看,桥架已经在电井里绘制完成,是从负一层上敷设下去的(见图 6-102),但是桥架还没有靠上墙面(见图 6-103)。

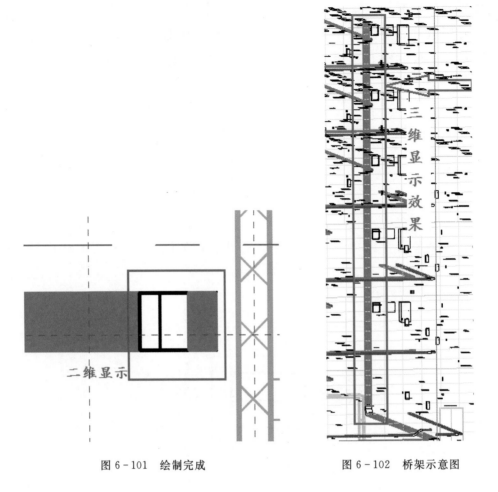

图 6-101　绘制完成　　　　　　　　　　图 6-102　桥架示意图

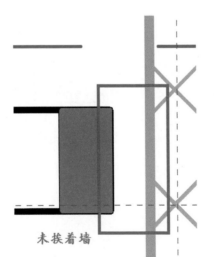

图 6-103　桥架未换着墙

(5)选中桥架后按"mv"进行移动,如图 6-104 所示,垂直桥架即已靠近墙面,由此也就绘制完成。

图 6-104 移动桥架

电气上的主要管件主要是水平和垂直方向的,基本绘制方法即以上所述。在实际建筑中会发生碰撞的是桥架、跳线槽,像一些暗埋的线管属于隐蔽性的工程一般不太需要画出来。

6.桥架的标注

桥架的标注对阅读施工图的人来说是非常重要的,直接进行定位和尺寸标注这两大主要信息的设置。下面进行桥架的标注演示:

(1)单击"注释"选项卡,在工具栏单击"按类别标记"命令(见图 6-105)。

(2)直接将光标放在桥架上,就会出现桥架的类别信息,如宽、高、底标高(见图 6-106)。

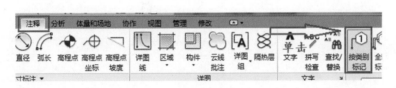

图 6-105 按类别标记"命令"

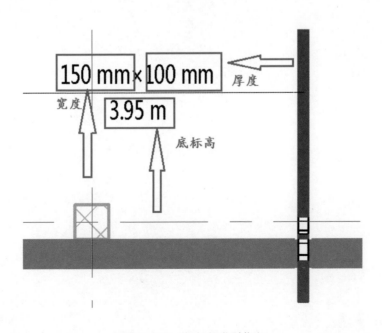

图 6-106 桥架的类别信息

（3）桥架在绘制时是以底来进行设置的,但在画的时候桥架是按照标高来画的。同样的,也可以将弱电桥架标注一下。

📶小技巧:将标注放在最后进行,即出施工图前,这样就可以做到要标注配电桥架就在配电视图里标注,标注弱电桥架就在弱电视图里标注。标注其实是属于二维的模型,在其他视图上是看不到的(见图6-107)。比如现在处于配电视图下,而弱电视图中,是没有这些标注的。所以弱电桥架最终的施工图也会变得很麻烦。

没有颜色的原因是在模板过滤器里没进行调整。其调整步骤为:在"属性"里单击"视图样板",选择"通讯系统样板"中的"替换过滤器",这时发现没有弱电桥架的过滤器,所以不会显示。

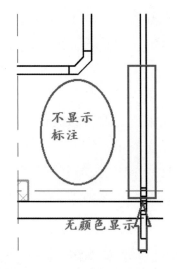

图6-107　标注在其他视图上看不到

第7章

电气照明

本章提要

◎ 电气照明概述
◎ 电气照度的计算
◎ 电气照明的设计
◎ 电气照明智能化控制

◆ 7.1 电气照明概述

在建筑的电气设计中,电气照明系统是非常庞大的一个系统,也是非常重要的一个系统。在每个建筑项目里都会单独设有照明工程师,这也就体现出了电气照明的重要性。

7.1.1 电气照明的一般规定

一般情况下,要根据建筑项目的工作性质、工作环境及视觉要求等具体条件来进行照明设计。设计完成后要满足建筑项目的视觉效果、合理的照度;要有良好的显色性及适宜的亮度分布,即均匀度。同时,在确定照明方案的时候应考虑不同的使用功能对照明的不同要求,处理好电气照明与天然采光、建设投资以及能源消耗与照明效果的关系,归根结底是要重视清晰度、消除阴影、减少热辐射、限制炫光等问题。除此之外,照明设计首先要满足建筑照明设计标准,目前最新的建筑照明设计标准是 GB50034,这个标准对于照明功率密度限制提出了更高的要求,换句话说,就是要求建筑行业全面实施绿色照明工程。

7.1.2 电气照明的方式

按下列要求确定照明方式:
(1)在工作场所,照明的方式通常应设置一般照明。
(2)在同一个场所的不同区域有不同照度要求时,应采用分区的一般照明。
(3)部分作业面照度要求较高时,只采用一般照明不合理的场所宜采用混合照明。
(4)在一个工作场所内不应只采用局部照明。比如,在民用建筑里住宅建筑是一个书房,假设照明只有一个台灯,根本不符合书房的照明要求,这就是局部照明。它必须要有基本的照明,将台灯作为办公或阅读的辅助照明用。

7.1.3 电气照明的种类

1. 照明种类的确定要求
照明种类需要用以下几点来确定:
(1)工作场所都需要设置正常的照明。
(2)在遇到下列情况时工作场所需要设置应急照明:
①正常照明因故障熄灭后,需确保正常工作或者活动继续进行的场所,应设置备用照明。
②正常照明因故障熄灭后,需要确保处于潜在危险中的人员安全场所,应设置安全照明。例如,较为重要的设备用房,它在事故照明熄灭之后,人员处在危险的机房场所中,就需要设置安全照明。

③正常照明因故障熄灭后,需要确保人员安全疏散的出口、通道,应设置疏散备用照明。

(3)除此之外,大面积的场所宜设置值班照明:

①有警戒任务的场所应根据警戒范围要求设置警戒照明。

②在航行构筑物有危机时应该根据航行要求设置障碍照明,即民用建筑的航空障碍灯的设置;航空障碍灯的设置有其具体要求,可以参见相应的规范。

2. 以示例说明电气照明的一般规定

如图 7-1 所示是一个四层照明平面,也是一个隔间式的办公场所。其中包括多个隔起来的办公室,按其功能可划分为办公室的走廊、电梯前室、楼梯间、楼梯的前室,另外还有一些公共部位。

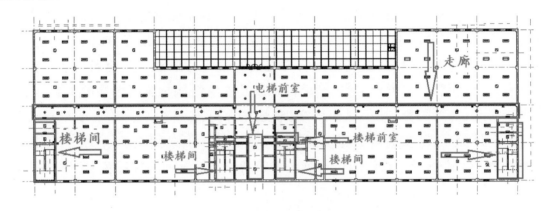

图 7-1　一个四层照明平面图

此办公场所需要的照明无非就是两种,一是在办公时一般的工作照明、走廊日常晚上办公或者白天照度不够日常行走时需要的照明(见图 7-2),二是公共部分楼梯间的普通照明、电梯前室的普通照明(见图 7-3)。

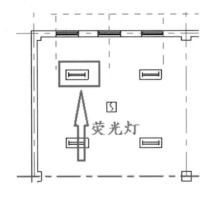

图 7-2　办公时需要照明图

(1)办公层的照明。

以办公室为例,一般情况下根据电源选择,办公室在办公时要求的显射性、色温、照度标准较高,所以采用荧光灯是最合适的。荧光灯有支架型的、格栅灯盘式的。一般做吊灯会采用格栅灯盘式的双管荧光灯(见图 7-4),采用格栅荧光灯的话,在办公隔间布局时,人是不会直接面对窗口的,也就是说,人在具体图上的座位应是东西向的。

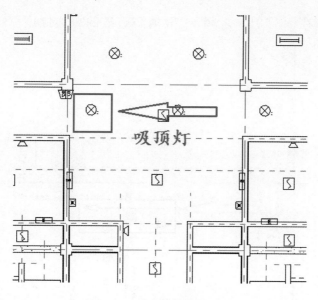

图 7-3　公共部分普通照明

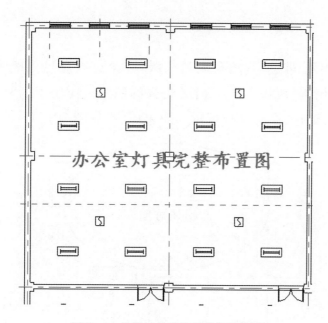

图 7-4　格栅灯盘式的双管荧光灯图

另外要考虑的因素是眩光。所谓眩光,通俗来讲是指如果灯是横向设置,人在办公时一抬头会看到头顶一个很亮的灯管,就会感到很不适。为了避免这种问题,荧光灯的布置应平行于人们视线的方向,同时平行于窗口的位置(不宜垂直布置,这是灯布置的一个原则)。而走廊一般采用吸顶灯(见图 7-5),属于普通照明。

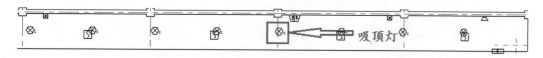

图 7-5　走廊采用的吸顶灯图

为预防事故断电,一般会设置备用照明。之前讲过事故断电并不是因为火灾的发生,有时是因主电源没有电而启动了柴油发电机,这种情况的发生是非常多的,事故断电也会启动,不一定只是消防问题才会失去电力。消防疏散楼道的普通照明一般是采用应急灯

（见图 7-6），照明范围在 5~10Lx 之间，一般消防疏散的普通照度就由应急灯来满足。

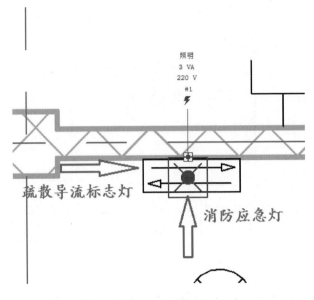

图 7-6 应急灯图

吸顶灯在第 6 章中已讲过，其负荷高达二级，完全可以满足一般事故的断电。断电之后可以启动备用电源供电，所以不属于消防疏散的照明。而用于消防疏散的有指示灯、消防应急照明灯。主要出口处设有安全指示与应急照明（见图 7-7）。

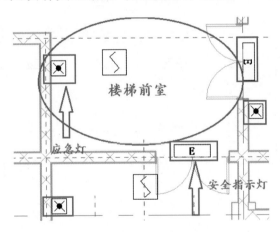

图 7-7 安全指示与应急照明灯图

电梯前室和楼梯间暂时没有照明布置，其原因在于一般的高档写字楼，其电梯前室会作二次装修，一般只能把吸顶的灯位预留到这里给其电量（见图 7-8）。

以上为整个楼的办公层的基本照明情况。

（2）车库与设备用房的照明。

负一层的主体是一个车库，其次为设备用房。设备用房包括电、水、暖方面的设备。车库一般采用荧光灯（见图 7-9），基本上都是链吊或杆吊，不会有吊顶，因为车库地下管线比较粗、梁也比较多。采用链吊或杆吊能够躲避对灯产生阻碍的地方。

公共区域的备用照明与在地下室电梯和楼梯的前室是一样的，其等级比普通车库的等级要高。

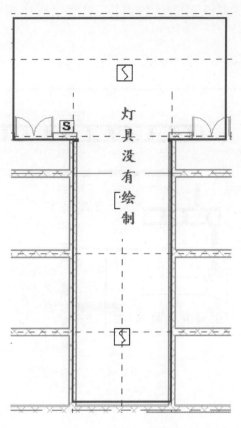

图 7-8 吸顶的灯位

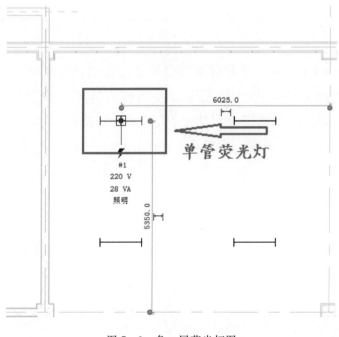

图 7-9 负一层荧光灯图

　　变配电室和柴油发电机房使用的荧光灯与车库的区别虽然看不出来,但是针对变配电室和柴油发电机房(见图 7-10),要求为消防负荷,因为在发生火灾时这些地方都需要持续工作,满足普通照度,即平时人们使用是 300Lx,在发生火灾时依然是 300Lx,这是相对于走道和疏散来说的。拿四层来说,普通的吸顶灯亮度标准为 50Lx,满足一般走道的照明,一旦发生火灾,这些吸顶灯会被按照非消防负荷切掉,照度仅仅由应急照明来满足,它就只能提供 3~5Lx 的照度。

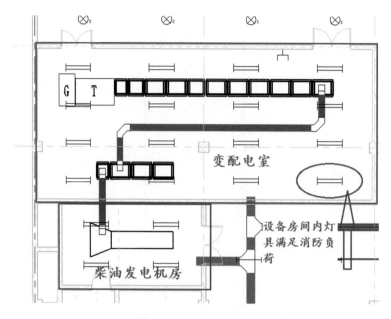

图 7-10　变配电室和柴油发电机房图

在发生火灾时,变配电室、柴油发电机房、送排风机房都是需要持续工作的重要场所,需要的是消防负荷的照明并且满足正常工作的照度。

◆ 7.2　电气照度的计算

在照明当中,照度的计算是一个非常重要的环节。在灯具布置之前需要对布置场所进行照度计算,根据房间的具体功能、使用人员及其他的相关情况来确定照明照度的计算。照明照度的计算听起来比较简单,但实际上相当复杂,涉及功能房间具体的图形参数(包括长、宽、高)、人员安装灯具的高度,还有功能房间内人需要在哪个工作面上工作,这个房间墙四周的装修,装修会涉及功能房灯光的反射性指数、日常的采光及方向等,这些都需要考虑进去。

照明计算的要点如下:

1. 计算依据

在计算照度时,应严格按照《建筑照明设计标准》(即 GB50034 规定的照度值),这是现在绿色节能的要求,如果不满足这一设计标准,在后期使用和审图方面都是不能通过的。

2. 房间条件

下面以一个四层的办公场所为例进行介绍。

通过纵轴为 E-C 轴,横轴为 1-3 轴范围的办公室(见图 7-11)进行解析。如此方正的办公室计算较方便,也能让初学者容易掌握。

首先需要确定办公室的长和宽。用 Revit 里的注释命令对齐的方式来测量一下房间的长和宽。具体步骤为:单击"注释"选项卡,选择"对齐"工具(见图 7-12),点击鼠标左键不放,纵轴从 E 轴拉至 C 轴,即可显示宽度,长度也同样会显示(见图 7-13)。即长度为16.4

m,宽度为 14.8m。

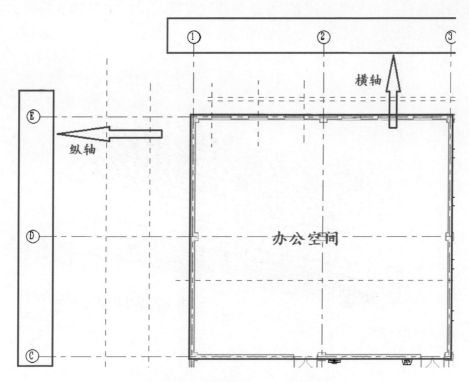

图 7-11 纵轴为 E—C 轴,横轴为 1—3 轴范围的办公室图

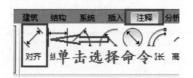

图 7-12 测量命令

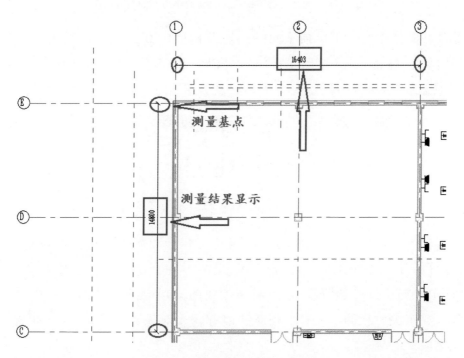

图 7-13 进行测量的结果显示图

长和宽测量完成后,需要了解房间吊顶高度的情况。只有在三维视图或者剖面视图下才能看到吊顶的高度。在三维视图里,通过局部三维模式可以了解建筑物的大致形状(见图 7 - 14)。三至七层为办公区域,通过局部三维模式可建立小办公室房间的三维视图(见图 7 - 15)。

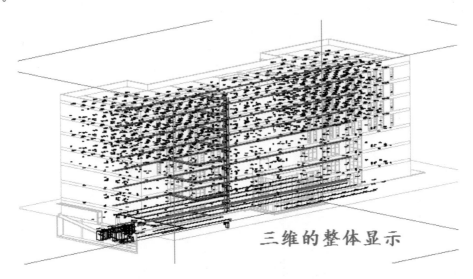

图 7 - 14 建筑物的裁剪显示图

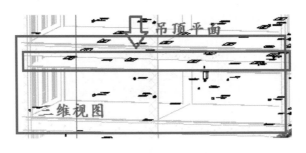

图 7 - 15 通过局部三维模式建立的小房间的三维视图

运用高程点操作查看一下吊顶平面的高度及地面的高度。其步骤为:单击"注释"选项卡,单击工具栏的"高程点"(见图 7 - 16),可以看出吊顶平面的高度为 16.2m(见图 7 - 17),地面的高度为 13.5m,高程差为 2.7m,这就是天花板平面距离地面的高度。

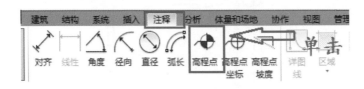

图 7 - 16 高程点命令选取

了解到所有的参数后,打开之前通过照明建筑标准和照明手册已经嵌套好的公式计算照度,照度计算并不是简单的密度容量计算,规范当中介绍的单位容量法等一系列的简化计算法,只是用于初步设计的阶段,在绘制施工图的阶段必须要精确计算电气的照度,其照度以与很多参数有关。在图 7 - 18 中相应的地方输入对应数据即可,至于顶棚的反射比,在对应的地方找取。

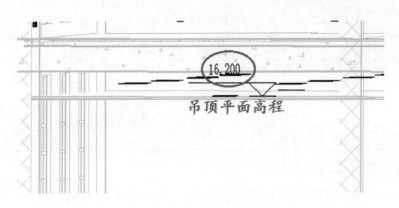

图 7-17　吊顶平面的高度图

一、计算依据：
　　以《建筑照明设计标准》GB50034—2013、《照明设计手册》、《建筑灯具与装饰照明手册》，以及《民用建筑电气设计手册》中的提供的计算公式及相关资料为计算依据。

二、房间条件：
　　房间名称或功能：
　　长度：L=　　　米；　　　宽度：W=　　　米；　　房间面积：A= 0.0 平方米
　　顶棚反射比：ρ_c = 0.8　　　　　　　　墙面反射比：ρ_w = 0.5
　　工作面高度：H= 0.75 米　　　　　　　室空间高度：h_{RC} = -0.8
　　室空间比：RCR= ######　　　　　　　室形指数：RI= ######

序号	房间内表面情况	反射比
1	刷白的墙壁、顶棚、窗子挂有白色窗帘	80%
2	刷白的墙壁、窗子未挂白色窗帘；刷白的顶棚，但房间潮湿，墙壁顶棚未刷白，但净亮	50%
3	有窗子的水泥墙壁、顶棚、木墙壁、顶棚，糊有浅色纸的墙壁、顶棚，水泥地面	30%
4	有大量深色灰尘的墙壁、顶棚，无窗帘遮蔽的玻璃窗，未粉刷的砖墙，糊有深色纸的墙壁、顶棚，较脏污的水泥地面，广漆、沥青等地面	10%

三、灯具条件：
　　灯具名称：带罩支架　　　　　　　灯具型号：PAK-A02-0 0　—AD
　　光源类型：T5节能荧光灯管　　　　光源容量：x W
　　灯具效率：≥75%　　　　　　　　装灯高度：　　米
　　光通量：Φ= FALSE LM　　　　　利用系数U= 0.5
　　灯具维护系数：K= 0.8

四、照度要求：　　　　　　　　　　规范允许设计照度值与照度标准值有±10%的偏差
　　照度要求Eav= LX　　　　　当灯具数量少于10个时照度可适当超过±10%

图 7-18　照度计算对照表

　　顶棚一般装修都是白色的，反射比就定为80%；墙面的装修也是白色的较多，但由于很多原因（包括房间潮湿、刷白不够等），选取较保守的反射比50%；工作面高度就是人在办公室中办公桌的高度，大概设定0.75m；室内空间高度和室形指数都是嵌套的公式算出来的。

3.选择灯具的条件

　　灯具分为带罩支架、格栅灯盘支架两种。下面以带罩支架为例（见表7-1）进行介绍。

　　(1)灯具型号。本书项目实例中采用平时比较常用的型号，即PAK；光源类型选为T5，原来常用的T8在新规范中已不适用。

　　(2)光源容量。这需要具体计算，比如双管的灯具采用的是35W，因房间面积是16.4×14.8=242.7(m²)，面积比较大，所以选的功率比较大。

表 7 - 1 灯具条件的基本信息

灯具名称	带罩支架	灯具型号	PAK－A02－235－AD
光源类型	T5 节能荧光灯管	光源容量	2×35W
灯具效率	$\geqslant75\%$	装灯高度	2.7m
光通量	$\Phi=7200$LM	利用系数	$U=0.5$
灯具维护系数	$K=0.8$		

光源的效率一般都是$\geqslant75\%$。

（3）装灯高度。本书实例的灯具选择的是吸顶灯,而无论是吸顶还是嵌顶,其装灯高度都要根据吊顶高度来确定的。

（4）灯具维护系数（K）。这也需要根据具体场所进行确定,比如粉尘较大的场所维护系数较高,应选择 0.8。

（5）利用系数（U）。荧光灯的利用系数在 0.4～0.6 之间,本书实例选择折中利用系数为 0.5。

4. 照度的要求

在《建筑照明设计标准》（GB50034—2013）规范中,要求办公室照度是 300Lx。那么,自动生成所需光源的套数为 25.3 套,这对于项目实例中的空间大小来说是可以接受的。但 25 套灯具对办公室 4 个跨距来说,要想达到均匀布置是不方便也不美观的,所以可以改变灯具管数。即改为三管,计算出来的就是 16 套,这样布置就变得非常方便、美观。16 套实际照度（E）为 284.8,这距离照度（300Lx）要求偏差率只有－5%,因此达到了照度的满足要求。

 规范梳理

《建筑照明设计标准》（GB50034—2013）

照明功率密度限值在规范中办公建筑和其他类型建筑的照明功率密度限值见表 7－2。

表 7 - 2 照明功率密度限值表

房间或场所	照度标准值（Lx）	照明功率密度限值（W/m²）	
		现行值	目标值
普能办公室	300	$\leqslant9.0$	$\leqslant8.0$
高档办公室、设计室	500	$\leqslant15.0$	$\leqslant13.5$
会议室	300	$\leqslant9.0$	$\leqslant8.0$
服务大厅	300	$\leqslant11.0$	$\leqslant10.0$

5. 计算过程

由 $Eav=N\Phi UK/A$ 可推导得出：$N=(Eav\,A)/(\Phi UK)$。

公式中字母含义及推导过程见《建筑照明设计标准》（GB 50034—2013）。

6.功率密度的要求

另外,计算照度还要输入一个非常重要的参数,即《建筑照明设计标准》对项目实例此类房间的功率密度要求(X)。功率密度有两个值,一个是目前的现值,一个是目标值。若想满足高要求,可将目标值设定为 8 瓦/平方米,按照所选有参数进行计算的功率密度(W)只有 6.98 瓦/平方米,低于《建筑照明设计标准》对此房间的功率密度要求为 8,即 W≤8,说明该项目实例的照度是符合规范要求的。

根据以上照度的计算,就可以进行灯具的布置了。下一节将对灯具的具体布置、系统设置进行详细介绍。

◆ 7.3 电气照明的设计

7.3.1 照明的设计

通过前面两节的介绍,我们对照明设计的一般规定以及照度计算有了初步了解之后,对于照明的设计才可以慢慢展开。在建筑电气设计过程中,照明的设计主要分为两个部分:一个是普通照明的设计;另外一个是应急照明的设计。普通照明前面两节已经介绍得比较详细了,应急照明在照明设计中是非常重要的一部分。根据《建筑设计防火规范》、《民用建筑电气设计规范》里对于应急照明和它配套的疏散照明的设计都有相应的详细规定,包括疏散走道里哪个位置需要设置应急照明,哪个位置需要设置疏散标志灯,这些应急照明、疏散照明灯需要多少的照度,距离墙角或者在代行走道、普通走道设置的间隔距离。比如在大型公共场所或大型商场等需要设置视觉连续的疏散指示灯,这些都有非常明确的表述。初学者可以根据以上两个规范以及视频配套的教材进行深入的了解。

下面针对项目实例(见图 7-19)来示范布置一下一般照明和应急照明。

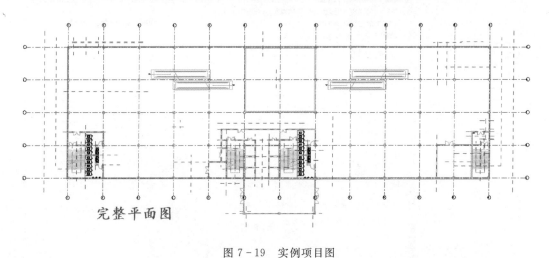

完整平面图

图 7-19 实例项目图

以 7.2 节中的四楼普通办公室为例,其照度已经算出来了,而且布置和密度也已经算出来了。首先进入四楼的天花板投影平面。为什么要进入天花板投影平面,因为 Revit 里面的灯具种类是不同的,有吸顶的、壁装的等。

在办公室吊顶安装的格栅灯盘或者带罩支架的荧光灯都是基于天花板平面。若在楼层平面或者其他平面去布置，由于视图原因是看不见所布置的灯具的，所以要看在天花板平面面板中视图样板中的视图深度有没有满足要求（见图 7-20）。视图范围中顶部是在 0m，剖切面是在 1m，1.5m 是开关，开关一般是相对于楼层平面即底板的相对标高 1.2～1.3m。如果剖切面是 1.5m，在投影视图中是看不到开关和控制面板的，所以剖切面选择到 1m。再看一下所需要的电气照明装置，照明设备都已经打上对勾（见图 7-21），也就是说在可见性里已设置了这些选项。

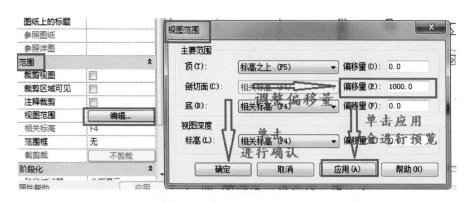

图 7-20 视图样板的设置

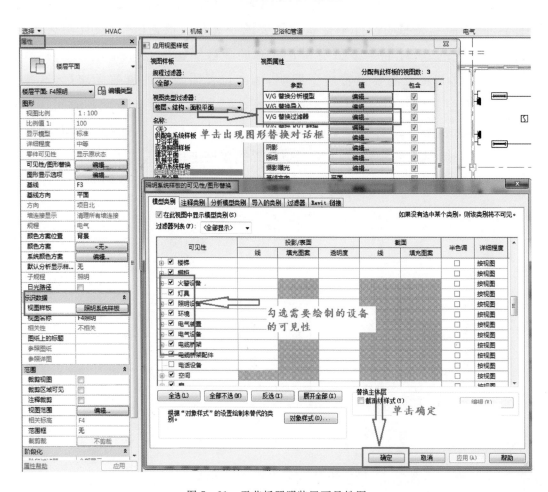

图 7-21 天花板照明装置可见性图

这些初步工作完成之后，我们开始布置灯具。在系统里面选择照明设备，照明设备在

7.2节中已经计算得出：使用 T5 荧光管，现在是 36W，之前算的 35W 是没有带电子镇流器，带上之后就是 36W。三盏灯的话就乘于 3，操作完成后，我们点击放置在平面上（见图 7-22）。

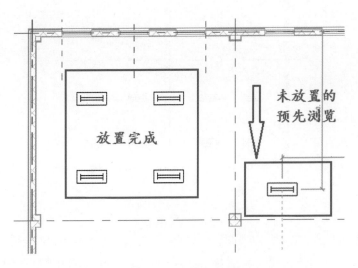

图 7-22　将 36W T5 荧光管放置在天花板平面上

因为 Revit 现在没有均匀布置的命令，所以在明确图中出现灯具距离墙的距离后进行大概放置。之前算过每一个小方块放置 4 个三管的 T5 荧光灯，用"修改"里面的"复制命令"选择"多个"（见图 7-23），（其步骤为：单击"修改/照明设备"选项卡，在工具栏里选择"复制"命令，进行复制）之后基于柱点复制 4 个（见图 7-24）。其完成效果图如图 7-25所示。

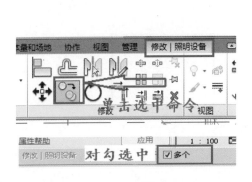

图 7-23　选择命令

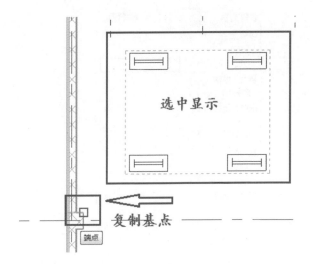

图 7-24　选择复制基点

当然，也可以用阵列的命令，但是初学者应注意，用阵列命令会自动形成一个组，就是CAD 里面所说的"块"。如果后期需要给它生成电路或者进一步生成开关、电力系统，就需要把块或者组进行解组。

在 7.2 节中已经讲过要避免眩光。灯布置完后要布置开关。通常像例子中隔间形式的房间，每一个块作为一个开启单元。图例中就需要两个双联或者一个四联开关，但是 Re-

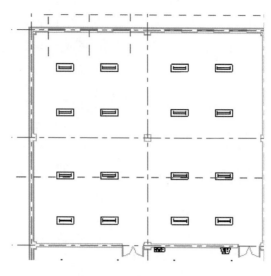

图 7 - 25　完成效果图

vit 里面没有单独的四联开关,所以用两个双联开关。每个双联开关控制两个单独的小单元。其操作步骤如下:单击"系统"选项卡,选择"设备"工具,弹出"双联开关—暗装—属性"对话框(见图 7 - 26),立面距离(即地面高度)定为 1.2m,开关放置距离门边是 15～20cm(见图 7 - 27)。由此完成的双联开关示意图在施工图上只是示意而已。这样房间的照明设备就大概形成了。

图 7 - 26　弹出"双联开关—暗装—属性"对话框图

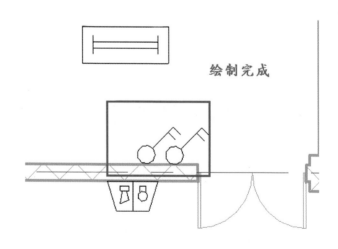

图 7 - 27　设置好的双联开关示意图

如果是按施工图出图的要求,就必须要连接导线。其操作步骤如下:在选项卡上单击"系统",选择"导线",选择"带倒角导线"(见图 7 - 28),由此进行连接。

如果按照普通的连接方式,即点击开关和灯进行逐个连接,连接完成后大概形成了一个系统(见图 7 - 29)。

但是点在导线上是没有任何定义的。可以看到,BV 线火线是 0,中性线也是 0,地线也是 0(见图 7 - 30)。

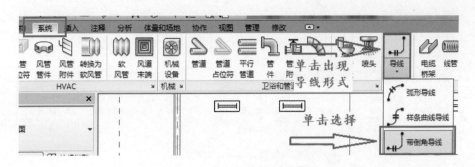

图 7-28 选择导线命令

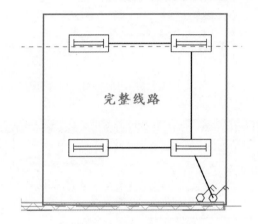

图 7-29 开关和灯进行挨个连接成一个系统

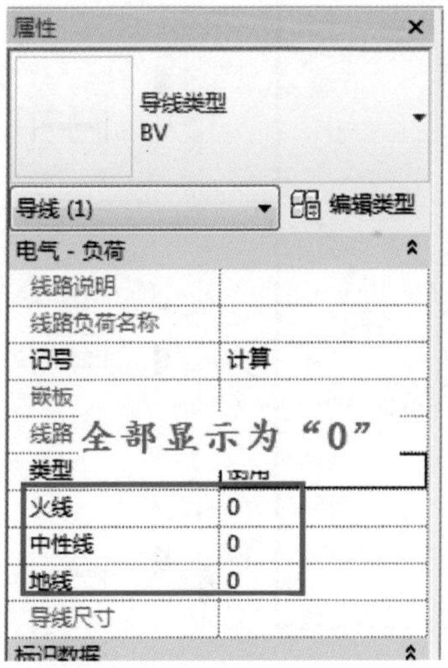

图 7-30 导线类型定义图

因为在绘制完成后所有的图源对 Revit 来说都是单独的图源,并没有实际的意义,也就是说并没有形成一个电力系统。要想把照明、开关形成一个完整的照明系统,首先要插入一个配电箱,选择明装的照明配电箱,调整参数距地面 1.5m,或者 1.8m 都可以。其操作步骤如下:在选项卡上单击"系统",选择"电气设备",弹出"电力配电器属性"对话框,可随意选择标准的"照明配电箱—明装"(见图 7-31)。但是在大开间的办公室设置配电箱暗装是比较好的,因为在大办公室有一个明装的配电箱有点突兀。这里选择明装是为了教学方便,调整好参数放置在墙上即可。选中一个开关需要控制的灯具,就会看到在工具栏中的"电力"与"开关"子命令。选择"电力",在图中就会出现默认的系统(见图7-32)。

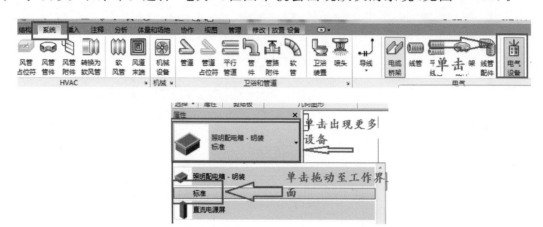

图7-31 配电箱"照明配电箱—明装"图

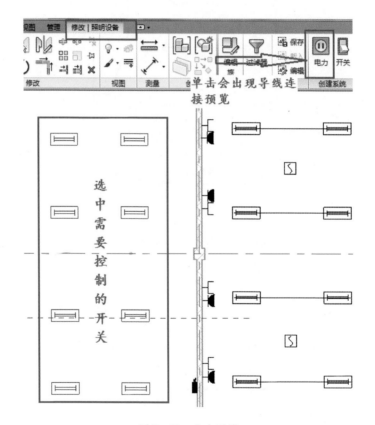

图7-32 电力系统

选择"带倒角的导线"进行连线(见图7-33),就会形成自动的连线(见图7-34)。如果此导线不符合要求,后期可以修改。

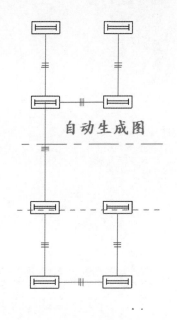

图 7-34　自动连线成的导线

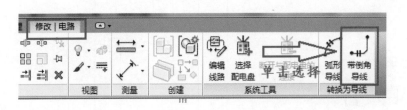

图 7-33　导线命令

由此即形成了一个电力系统,选择系统里任意的一个灯具,在工具栏就会出现一个电路命令(见图7-35)。

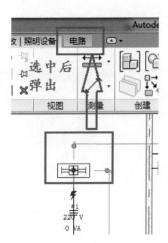

图 7-35　工具栏出现的一个电路命令

而之前的"电力"选项已经不显示了,只剩下"开关"命令(见图 7-36),这就表明现在灯具已经不是一个单独的图源,灯具已经是电力系统里面的一个部分。切换到电路里面会看到蓝色虚框所框选的里面部分已经是一个电力系统了(见图 7-37)。

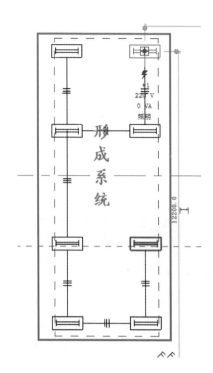

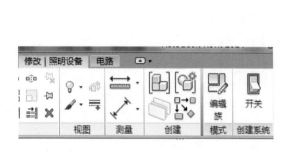

图 7-36　电路显示

图 7-37　蓝色虚框所框选部分是一个电力系统

在选项卡"修改/照明设备"里选择"编辑线路"(见图 7-38),在工作界面上就会看到亮显的灯,这就是刚才所框选的灯具(见图 7-39),就是一个电子系统内部的所有用电设备。

图 7-38　编辑命令

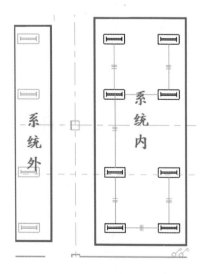

图 7-39　灯具示意图

另外,若想在回路里继续添加灯具,可在工具栏点击"添加到线路",在工作界面里进行

添加。若想在回路里删除灯具,可在工具栏点击"从线路中删除",同样进行删除即可(图7－40)。

图7－40　添加命令

关于电源的选择即为这个电力系统选择电源(也就是配电盘),需要在工具栏点击"选择配电盘"(见图7－41),选中之前设置的明装配电箱,这期间会弹出警告(内容为"无法向线路指定或添加标准。没有为标准制定配电系统")(见图7－42),原因在于没有对刚才添加的配电箱进行定义。

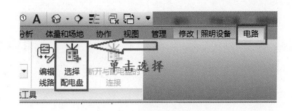

图7－41　选择配电盘命令

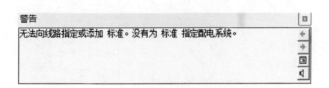

图7－42　警告示意图

那么,现在就需要对其定义。单击绘制的照明配电箱后,在配电箱菜单栏选择"配电系统"中的"220/380 星形"(见图7－43)。这样即可完成对配电箱的初步定义。

图7－43　在配电系统中选择"220/380 星形"

为此电路选择配电盘系统时,就可以选择以上配电箱,点击完成编辑后,将灯具与配电箱用导线连接,一个配电系统就初步完成了(见图7－44)。

如果觉得这样的连接不是很方便,后期可以进行调整。删除要修改的线路,然后用"带倒角的导线"命令进行连接,导线里默认火线、中线、地线各一根。

但是这个配电系统中没有开关。同样地选择一个灯具,工具栏中出现开关菜单栏,点选"开关",然后选择编辑"开关系统"。也就是除了选中的灯具外还有哪些灯具需要用选中

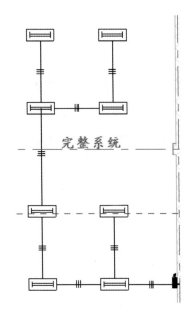

图 7 - 45　完整系统图

的开关进行控制,选中那些灯具即可,然后在工具栏勾选选项即完成编辑。其操作步骤如下:单击工作界面里的一个灯具,单击工具栏里的"开关"命令,选择"编辑开关系统"命令,将所有的灯具选中(见图 7 - 45),这与创建电力系统是一样的,选择完成后再单击"选择开关"命令,选择一个双联开关,完成编辑。这样一个开关系统就创建好了(见图 7 - 46)。

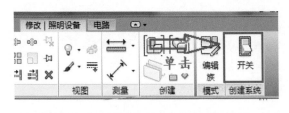

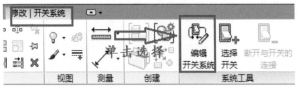

图 7 - 45　开关编辑

图 7 - 46　选择开关命令

当选择某一个灯具时工具栏就会出现"开关系统"工具栏,点击"开关系统"就会出现图中的每一个灯具都会有一条虚线与开关连接(见图 7 - 47)。在 Revit 里除了要满足系统之外,也应满足出图要求,所以在开关与灯具之间也要连线(见图 7 - 48)。这样就初步完成了一个在 Revit 软件里真正意义上的照明回路以及开关系统的绘制。

当不采用这种形成系统来绘制线路的时候,要将剩余的灯具用带倒角导线进行连接,

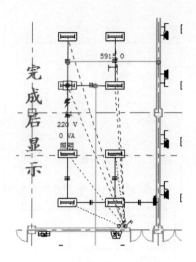

图 7-47 每一个灯具都会有一条虚线与开关连接图

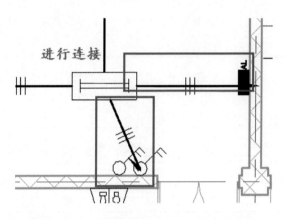

图 7-48 开关电箱与灯具之间的连线示意图

虽然这根导线在图中是搭载了两个灯具(见图 7-49),但这根导线是没有任何实际意义的,其属性显示火线、中线、地线都为 0(见图 7-50)。但如果是生成系统,默认为 220V 的单向电系统,就会显示三条线,分别为火线、中线、地线,只要连接起来,属性都将为默认值。但是给没有形成系统的灯具绘制导线是没有意义的,也就是说导线只是搭在了灯具之间,对于 BIM 软件来说,这完全与参数化的模型脱离了,失去了在 BIM 里绘图的意义。所以,需要根据绘图的深度或者要达到施工图的深度来选择是采用 BIM 中生成模型再生成配电系统的绘图方式还是传统的绘图方式。除此之外,生成系统后期还有一个非常大的功能是配电箱系统的功能。

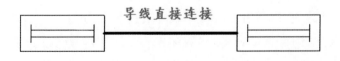

图 7-49 一根导线连接两个灯具

之前讲过,Revit 软件在电力系统、配电系统、后期的配电箱系统图里都有一定的局限性,并没有完全地融入国内电气设计人员的绘图习惯。事实上在配电箱系统,在工具栏中单击"创建配电盘明细表"(见图 7-51),选择下拉菜单中的"使用默认样板",弹出分支配电盘详细表格。

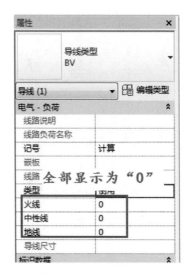

图 7 - 50　属性显示中火线、中线、地线都为 0

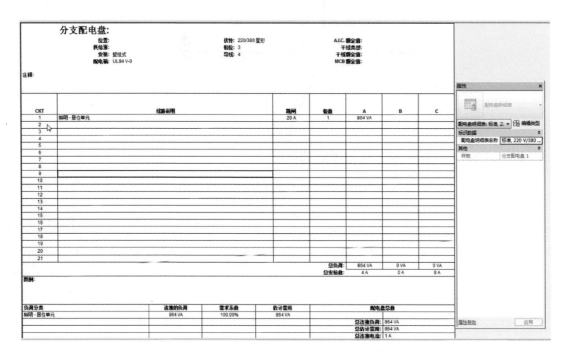

图 7 - 51　分支配电盘的详细的表格图

这实际上是现在的电气设计人员在后期绘制的变配电箱系统图,在绘制完成后,线路说明中会生成绘制所过管子的大小、如何进行导线敷设等基本情况;跳闸公开默认值是20A,可调节成 16A;级数是 1;单相回路在实例项目里只出了一路,所以把 A、B、C 全部归到 A 上,即三管荧光灯图中 864VA(即 36W×3×8)是实际的负荷数,所以 Revit 软件会根据本身固有的形式形成配电箱系统图,从而进入一个参数化的设计当中。如果后期的软件能够把整个电力系统完全建立起来,其配电箱系统图、干线系统图乃至于整个电力系统图都将是水到渠成的。因为整个设计在生成系统后会自然而然地融入到整个 Revit 信息模型当中,就不用再单独绘制,通过二次开发软件就可以非常方便地提取出来。

7.3.2 应急照明的绘制

在绘制应急疏散照明时,必须要注意它的应急疏散楼梯在哪里,其疏散的长度是多少,主要的疏散通道在哪里等问题,这样才能进行准确的绘制。先看一个建筑物的标准层(见图7-52),该层是照明子规程下的六层,布局大概为左右对称,左边的疏散楼梯(见图7-53)是一个单向可上可下的疏散楼梯形式,前室是单独隔出来的一个小房间,设置好的防火门对电气设计师来说是非常省事的,开门方向是一般应急疏散导向的方向。

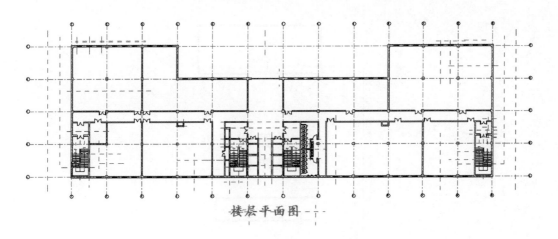

图7-52 建筑物标准层示意图

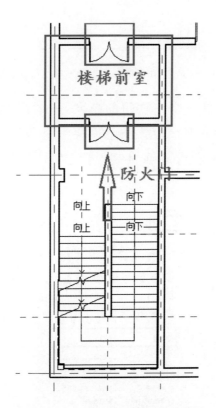

图7-53 六层左边的疏散楼梯示意图

如果建筑设计的门方向是反的,设计人员应该提出来,应遵从人流的方向,人走在门前可以顺手推开而不是往后拉。无论是《民用电气设计规范》,还是《建筑设计防火规范》,其对应急疏散灯都有具体的布置要求。最后一个方向指示灯距离墙不大于 10m，连续性的走道中间的两个指示灯最小间距不得大于 20m。

1. 安全出口标志灯的绘制

安全出口的标志灯绘制，需要确定选择安全出口标志灯的位置，即应在开门的外侧（见图 7-54），这样行人经过就可以看到安全门。如果在开门的里侧，人们会误认为人流反方向是安全的地方，这样会误导疏散。所以需要在开门的外侧布置，而图中两个门都需要进行布置。

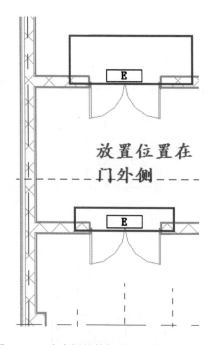

图 7-54 应在门的外侧设置安全出口标志灯

安全出口指示灯布置时，首先要注意门的高度，一般门的高度不小于 2m，所以灯应设置在门框上方 0.2～0.3m 处，同时一定要注意偏移量是距地 2.2m（见图 7-55），在两个门处各放置一个灯。若在平面里看得不够直观，可以在局部三维视图里进行查看（见图 7-56）。

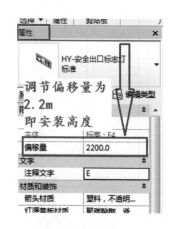

图 7-55 灯的属性偏移量应为 2.2m

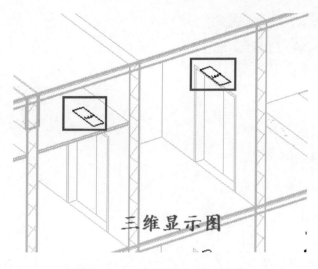

图 7-56 三维视图里灯的示意图

如果利用附加模块命令来看局部三维视图的话,所显示的三维图会比较抽象,其原因在于"应用视图样板"中的"电气全局"下的"详细程度"为中等,只需将其设置为精细(见图7-57)就能直观看到灯在门框上方的具体设置,其正好在防火门的正上方,推开门后就能进入前室,继续推开下一个门就可以向下疏散。

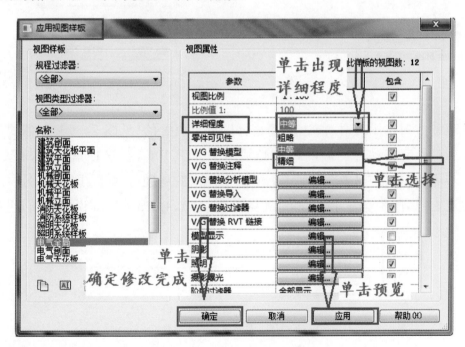

图 7-57 详细程度更改为精细

2.疏散方向指示灯的绘制

疏散标志灯也称为疏散方向指示灯,应先将其绘制出来。其步骤为:在选项卡里单击"系统",选择"照明设备"工具,弹出"属性"对话框(见图7-58),选择"标准疏散导流标志灯",将"偏移量"设置为300。这样就可以进行放置疏散方向指示灯了(见图7-59)。

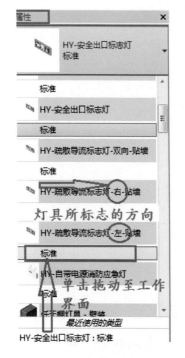

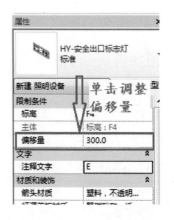

图 7-58 "属性"对话框　　　　　　图 7-59　疏散导流标志灯偏移量设置为 300

　　在放置疏散方向指示灯时,两边墙都是可以进行放置的(见图 7-60)。需要注意的是,疏散导流标志灯距离楼梯外侧墙的距离必须不于等于 10m,在这种情况下,需要对距离进行测量。其步骤为:单击"注释"选项卡,选择"线性"工具进行测量,即点击图中左点,按住鼠标不放拉至右点,图中会显示 4100mm(见图 7-61),4.1m＜10m 说明距离设置正确。

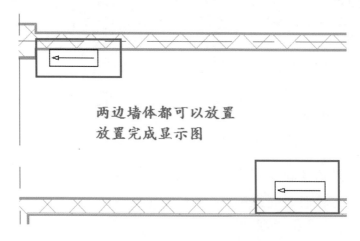

图 7-60　疏散方向指示灯布置图

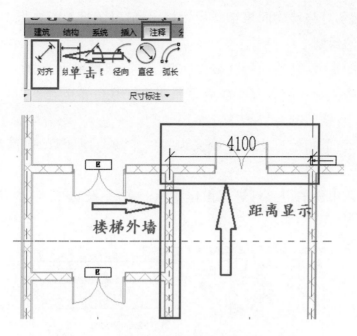

图 7-61　疏散导流标志灯距墙距离测量示意图

　　在水平方向再进行标志灯的设置,其间隔距离不能小于等于 20m。这样人流在疏散时就可以连续看见疏散标志,得到指示信号,当被引导到第一个疏散门时说明疏散结束。

　　在拐角处布置标志灯时,规定标志灯在距离拐角后墙面横边不超过 1m 处布置(见图 7-62)。

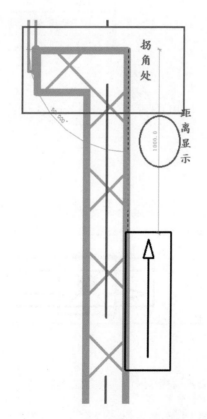

图 7-62　拐角处标志灯的布置示意图

　　另外,需要注意最后一个疏散指示灯距离墙不能超过 10m,这也可以进行测量。若大于等于 10m,需在指示灯与墙之间再增添设置指示灯,以满足距离要求。

3. 应急照明灯的绘制

人员密集场所的走道,其地面照度最少在 5Lx。一般情况下,根据设计师绘图习惯会直接选用自带电源消防应急灯或者有智能应急照明系统且带蓄电池的灯,此类灯具的安装比较灵活,有吸顶的也有壁装的。

基本上,每一个疏散指示标志灯上都要设置一个应急照明灯,以满足疏散时人们对通道基本的判断。

下面用自带消防电源的应急灯进行操作演示。在"系统选项卡"中单击"照明设备",找到应急灯进行绘制(见图 7-63)。

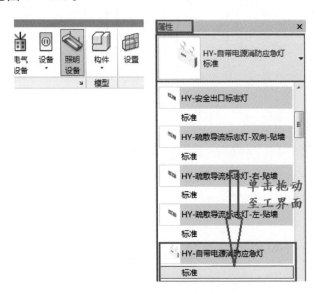

图 7-63 选择灯具图

在绘制时显示疏散灯和应急灯可能被安装在了一起(见图 7-64),其实并没有。

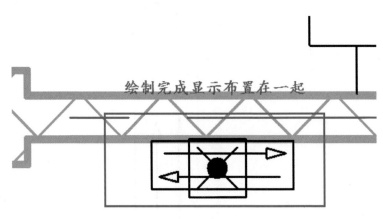

图 7-64 疏散灯和应急灯可能被安装在了一起

在视图中可见全部实例的具体操作步骤为:在工作界面里右击应急灯示意图,弹出"属性"菜单,单击"选择全部实例 A",选择"在视图中可见 V",在"属性"菜单栏进行高度的修改(见图 7-65)。而消防应急照明灯距地面最少是 1.8m,所以在偏移量上就可以改为

1.8m以上，一般定为2m，这样就可以在三维视图中查看(见图7-66)，指示灯距地0.3m，这样就满足了基本照明与疏散指示的要求。其他地方楼梯间、楼梯前室也要补充应急灯照明灯，在人流疏散时不能留下死角。为了引导，在人流与建筑物外面之间的疏散通道都要有连续性视觉引导的、让人们可以看见路的应急备用照明灯(见图7-67)。

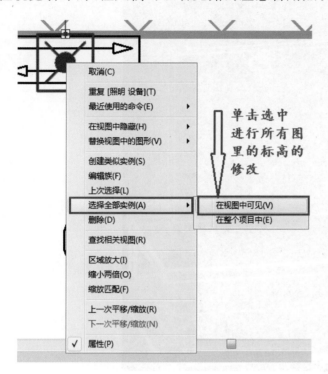

图 7-65 视图显示步骤

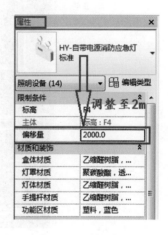

图 7-66 修改偏移量

◆ 7.4 电气照明智能化控制

关于电气照明设备讲解，以建筑物办公楼四层设置为例(见图7-68)，办公场所中有两个功能区块：一是办公房间，其照明采用格栅荧光灯盘的荧光灯；二是公共区域，一些高档写字楼在进行二次装修后，照明会采用比较漂亮的吸顶灯，旁边也会有辅助的洗墙灯或者其他装饰用的灯具(见图7-69)。

1. 电气照明智能化控制灯的选择

电气照明智能化控制包括两个方面，一是火灾用的应急疏散指示灯和应急灯。它能按区域点亮或者检测某个回路有没有电，具有循环检测回路的功能。如果计划布置得更详细，目前已出现一种单灯带地址的灯，它可以检测每个灯的运行状态(即有没有电或者有没有故障)，但其成本是比较高的。

电气照明在选择时，要根据实际场所，像大商场就需要布置具有视觉连续性的灯，两个灯的距离必须小于等于3m，否则人不能很好地看到下一个灯的位置，而且灯一般都是嵌在地板上的。其布置规则跟普通的灯基本一样，不过布置的密度比较大，原因在于人流量比较大、嘈杂的地方需要布置连续性的灯。

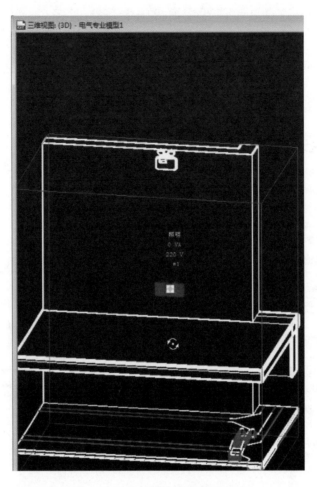

图 7 - 67　指示灯位置三维示意图

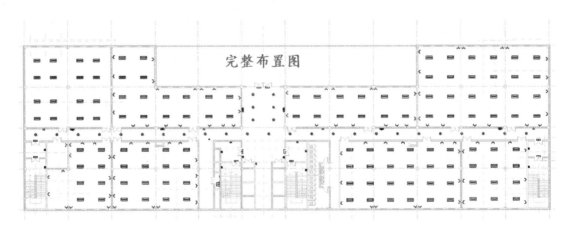

图 7 - 68　建筑物办公楼四层示意图

2. 电气照明智能化控制的优点

（1）流向可以指示。

像大商场这类的场所，推荐使用智能型应急照明控制，其流向可以明确指示。

（2）前期投资大，后期维护成本低。

建筑物内灯的量是比较大的，若安装的是普通灯，每年或者每半年都要维修一次，出现哪个灯有故障、哪个灯蓄电池电力不足等这些问题，处理起来会相当的麻烦，也会耗费大量

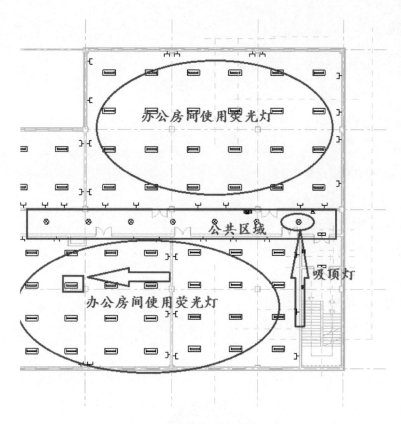

图 7-69 区域划分使用灯具图

的人工。而在整个建筑内使用智能应急疏散,虽然前期投入比较大,但是后期的维护和运营的成本就会节省下来,也就是说商场运行时间越长,成本节约得越多。

(3)可根据外界环境控制开灯的数量。

现在高档的写字楼已经采用了电气智能化控制,这与传统开关只有在切断火线才能灭灯的原理相比,是比较高级的。电气照明智能化控制的方法是根据整个建筑物的外部环境而变化的。比如,季节的变化、外面明亮程度等因素决定着楼里开灯的数量。设计师可以设置一个面板,进行电气照明回路的控制。

比如说采光控制器探测到光照不足,就会智能控制放在配电箱里的控制器。自动打开电路某一路或者哪几路,以满足通道的基本照度要求。进入深夜或者照度很低时,采取大部分或全部打开电路的措施。

同时,也可进行定时设置。比如,办公系统基本是在上下班时间设置的智能化控制模式,在周末大部分的灯是不能打开的,打开的部分照明只满足于个人使用。目前大部分电气照明智能控制都是按这种需求设置的,其特点就是基于绿色建筑、更人性化地控制。

如果采用一般的电气照明控制,每一个灯旁边安装声控延时控制开关,其问题在于:造价大、效果不好,维护起来相当麻烦,每一个开关都需要维护。现在电气照明智能化控制强电不用进入,各种线路都直接进入末端的配电箱,在末端配电箱分好回路后,直接由智能照明控制器在配电箱进行控制。

在具体的工程设计中,设计师需要对智能照明的产品进行全面了解落实,理清思路后再进行设计。

 规范梳理

灯的具体参数

1. 暖白光投光灯(2000W)(见图 7 - 70)主要技术参数。

防护等级:IP65

灯具材料:高压铝铸灯体

配光:窄角、宽角二种配光系统

反射器:高纯度阳极氧化铝反射器

灯具外壳颜色:灰色

灯具玻璃:5mm 厚钢化安全玻璃

光源:金卤灯/暖白光

色温(°K):4300

显色性(R):65

功率(W):2000

图 7 - 70　暖白光投光灯(2000W)

2. 暖白光投光灯(1000W)(见图 7 - 71)主要技术参数。

图 7 - 71　暖白光投光灯(1000W)

防护等级：IP65

灯具材料：高压铝铸灯体

配光：窄角、宽角二种配光系统

反射器：7种不同的椭圆形反射器和3种不同的方形反射器，应用范围广

灯具外壳颜色：灰色

灯具玻璃：5mm厚高强度钢化玻璃，不锈钢防护网

光源：金卤灯/暖白光

色温（°K）：4500

显色性（R）：65

功率（W）：1000

3.暖白光投光灯（400W）（见图7-72）主要技术参数。

图7-72　暖白光投光灯（400W）

防护等级：IP65

灯具材料：高压铝铸灯体，高品质的硅橡胶密封圈

配光：对称形窄光束

反射器：新款con Tempo灯具采用进口阳极氧化铝反射器

灯具外壳颜色：灰色

灯具玻璃：5mm高强度钢化玻璃

光源：金卤灯/暖白光

色温（°K）：4500

显色性（R）：65

功率（W）：400

4.泛光灯（400W）（见图7-73）主要技术参数。

防护等级：IP65

灯具材料：高压铝铸灯体，高品质的硅橡胶密封圈

图 7-73　泛光灯(400W)

配光:有对称和非对称两种可供选择

反射器:新款 con Tempo 灯具采用进口阳极氧化铝反射器

灯具外壳颜色:灰色

灯具玻璃:5mm 高强度钢化玻璃

光源:金卤灯/暖白光

色温(°K):4500

显色性(R):65

功率(W):400

5.投光灯(150W)(见图 7-74)主要技术参数。

图 3-74　投光灯(150W)

防护等级:IP65

灯具材料:高压铝铸灯体

配光:窄光束

反射器:新款 con Tempo 灯具采用进口阳极氧化铝反射器

灯具外壳颜色:灰色

灯具玻璃:5mm 高强度钢化玻璃

光源:金卤灯/暖白光

色温(°K):4600

显色性(R):65

功率(W):150

6.泛光灯(100W)(见图7-76)主要技术参数。

防护等级:IP65

灯具材料:高压铝铸灯体

配光:对称宽光束

反射器:新款con Tempo灯具采用进口阳极氧化铝反射器

灯具外壳颜色:灰色

灯具玻璃:5mm高强度钢化玻璃

光源:金卤灯/暖白光

色温(°K):4600

显色性(R):65

功率(W):100

图7-75 泛光灯(100W)

7.泛光灯(150W)(见图7-76)主要技术参数。

防护等级:IP65

灯具材料:高压铝铸灯体

配光:有对称和非对称可供选

反射器:新款con Tempo灯具采用进口阳极氧化铝反射器

灯具外壳颜色:灰色

灯具玻璃:5mm高强度钢化玻璃

光源:高压钠灯/黄光

图 7 - 76 泛光灯(150W)

色温(°K):2000
显色性(R):23
功率(W):150

8.紧凑型节能荧光灯(42W)(见图 7 - 77)主要技术参数。

图 7 - 77 紧凑型节能荧光灯(42W)

防护等级:IP65
寿命:10000 小时以上
灯具外壳颜色:白色
光源:结构紧凑,灯具匹配性佳;一开即亮,光线稳定无频闪/黄光暖色
色温(°K):2700
显色性(R):80
功率(W):42

9.远程彩色探照灯(3000W)(见图7-78)主要技术参数。

图7-78　远程彩色探照灯(3000W)

防护等级:IP65

灯具材料:铝合金材质外壳

配光:手调角度7°及25°

反射器:耐高温反射杯,耐高温混色片

灯具外壳颜色:黑色

灯具玻璃:高强度钢化玻璃

光源:高压氙灯/白、红、黄、绿、蓝

功率(W):3000

10.航空管制安全灯(150W)(见图7-79)主要技术参数。

图7-79　航空管制安全灯(150W)

工作电压：AC 220V

额定功率：150W

光源：欧司朗专用卤钨灯管，7 支

光强：红色，4000cd；白色，15000cd

通常闪光频率：可调，常用频率 12 次/分

光控灵敏度：50－200LX（自动日关夜开）

环境温度：－30℃～60℃

灯器寿命：大于 7 年

灯器净重：9.3 kg

11. 塔冠小型频闪灯（见 7－80）主要技术参数。

图 7－80　搭冠小型频闪灯

防护等级：IP65

灯具材料：高档透明 PC 灯罩

灯具外壳颜色：透明

灯具玻璃：PC 灯罩

功率（W）：4W

12. 栏杆 LED 灯（3W 白光）（见图 7－81）主要技术参数。

图 7－81　栏杆 LED 灯（3W 白光）

防护等级：IP65

灯具材料：亚克力

配光：900Lm

灯具外壳颜色：奶黄色

光源：高亮度 LED 发光管/白色

功率(W):3

13. 桥头堡墙内条带灯/黄色扁四线 LED 灯(约 3W)(见图 7-82)主要技术参数。

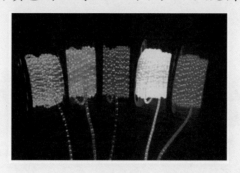

图 7-82

电源规格:DC220V

输入电流:DC20mA

工作频率:50~60Hz

发光点:1 米 72 粒

光通量:360Lm

功耗:6W

连接方式:四脚插针

颜色规格:七彩色

光源:高亮度 LED 发光管

外壳:透明 PVC

控制方式:外部数码控制

温度范围:-35℃~60℃

防护等级:IP65

寿命:大于等于 50000 小时

14. LED 彩色蜂窝灯(2W)(见图 7-83)主要技术参数。

图 7-83 LED 彩色蜂窝灯

外壳规格:φ50

电源规格:AC220V

输入电流:AC30mA±10mA

工作频率:50～60Hz

发光点:18粒

光通量:100Lm

功耗:3W

连接方式:E27 锣头

颜色规格:七彩色,单白色,单红色,单蓝色,单绿色,单黄色

光源:高亮度 LED 发光管

外壳:高档 PC 灯罩

控制方式:单个独立内控

温度范围:-35℃～60℃

防护等级:IP65

寿命:大于等于 50000 小时

15.LED 高亮度投光灯(见图 7-84)主要技术参数。

图 7-84　LED 投光灯

颜色范围:RGB 连续地变换输出不同亮度,可产生 1600 万种颜色

光源:高亮度 LED 光源

光束角度:30°,45°,60°

投射距离:0～20m

旋转角度:0～180°

通信格式:标准 DMX 协定

控制系统:DMX 控制器

外壳材料:铝合金

接头:信号接头

额定电压:DC12V/24V

额定功率:1W

防护等级:IP65(室内户外均可)

安全温度:－40℃～＋60℃采用工业级元件

色彩效果:静态方式/闪烁变化/交叉变色/追逐变化/流动功能

16. LED 超高度投光灯(见图 7-85)主要技术参数。

图 7-85 LED 投光灯

光源:超亮度 LEDs,360 PCS 5mm LEDs 1W36PCS

寿命:6～10 万小时寿命

发散角:35°

颜色:此灯由红、绿、蓝色 LED 组成的产品通过 RGB 电子合成出 1670 万种颜色

调光/频闪:电子调光从 0～100％(无颜色变化)高速白光或变颜色频闪,频率1～13Hz

防水等级:IP65

净重:3.9kg

温度:最大环境温度,40℃;最大灯体温度,60℃

控制:协议 DMX－512

控制通道:3

控制模式选择:DMX,自动触发

运转模式:主从机同步,单机自走

数据输入/输出:3 针卡侬插

输入电压:24～250VAC,50～60Hz

保险丝:T2A

最大功率:30VA/36VA

17. LED 点光源(见图 7-86)主要技术参数。

外径尺寸:φ70mm,φ90mm,φ120mm,φ150mm,φ230mm

材质:高档透明 PC 灯罩

颜色规格:七彩色,单白色,单红色,单蓝色,单绿色,单黄色

光源:美国科锐

外壳:高档透明 PC 灯罩

控制:总线控制器

电源规格:AC24V

温度范围:-35℃～60℃

防护等级:IP65

寿命:大于等于 50000 小时

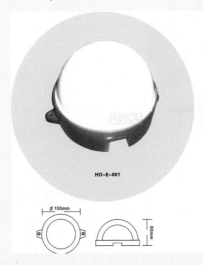

图 7-86　LED 点光源

18. LED 数码管(见图 7-87)概述及主要技术参数。

图 7-87　LED 数码管

LED 数码管是一种先进的 LED 装饰照明灯饰产品。以红、绿、蓝三种颜色的 LED 作为发光源,选用优质高亮光源,使得此产品具有良好的可靠性。增添变幻的色彩和丰富的照明效果,能进行整体颜色跳变、颜色闪烁和七色变化,而没有传统的色彩照明方法所带有的缺点、高费用以及局限性,适合于酒吧舞厅、大厦广场、桥梁栏杆等各种大型建筑装饰。

原理说明:

LED 七色管内以 LED 作为发光源,投射出一束发光角度为 180°的光束到 PC 圆管的内表面,经过多次反射和折射透出外壁形成混色光。通过调制控制器内的模式可产生出柔和、统一、多彩的视觉效果。

(1)其功能描述如下:

①定色:红,绿,黄,蓝,紫,青,白等单色显示。

②变色:颜色变换;颜色闪烁;灰度变化。

(2)其产品技术参数如下:

①光通量:77 LM

②工作环境温度:−20℃~+40℃

③工作环境湿度:0~95%

④防护等级:IP65

(3)电气规格如下:

①输入电压:AC24V

②工作电流:0.06A

③最大功耗:14.4W

(4)结构规格如下:

①光管材料:透明聚碳酸脂

②结构尺寸:1000×50×50mm

第8章

火灾自动报警系统

本章提要

◎ 火灾自动报警系统和报警设备的设置
◎ 其他联动设备
◎ 消控室及系统联动控制要求

火灾自动报警主要涉及的规范有《火灾自动报警设计规范》(GB50116—2013)、《建筑设计防火规范》(GB50016—2014),还有另外一些水暖专业所需要了解的相关知识。

◆ 8.1 火灾自动报警系统和报警设备的设置

火灾自动报警系统有三个子系统:一是自动报警设备,包括火灾探测器和手动报警按钮;二是警报设备,主要包含消防广播、消防警报器、消防专用电话;三是其他联动设备,有火灾时电梯的联动、火灾时非消防电源的切断、防排烟设备的联动、自喷系统和消火栓系统的联动控制等。

下面,针对这些系统从设置原则和控制要求方面来进行讲解。

首先介绍火灾自动报警系统所涉及的设备在建筑物内的布置原则。

8.1.1 火灾自动报警系统的设置

1. 报警设备探测器

根据规范要求,当建筑物的高度小于等于 12m 时,属于非高大空间,民用建筑里最常用的是感烟探测器和感温探测器,在项目实例中从立面视图中发现每一层的高度都是小于 12m(见图 8-1),因此该建筑应考虑使用感温和感烟探测器。

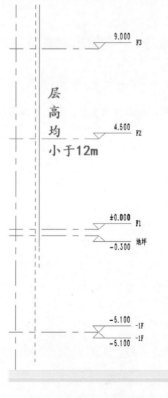

图 8-1 标高图

假设建筑屋里面有厨房或者餐厅的操作间,还要考虑燃气探测器,从图8-2的布局来看是没有厨房的。

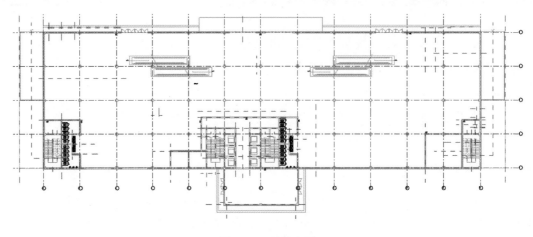

图8-2　总体布局

感烟和感温探测器的使用功能区域就不再赘述,初学者可以查看《火灾自动报警设计规范》,里面有很详细的讲解。

2. 探测器的具体布置

比如感烟探测器,它的保护半径是5.8~6.7m,这主要是根据房间高度和地面面积选取的;感温探测器的保护半径是3.6~4.4m,也是根据房间高度和地面面积确定的。这些也可以参考《火灾自动报警设计规范》,里面讲解的也很详细。

 规范梳理

《火灾自动报警设计规范》中根据房间高度选用探测器的规定

不同高度的房间,可按表8-1选择点型火灾探测器。

表8-1　不同高度房间火灾探测器的不同选取标准

房间高度(h)(m)	感烟探测器	感温探测器			火焰探测器
		一级	二级	三级	
$12<h\leqslant20$	不适合	不适合	不适合	不适合	适合
$8<h\leqslant12$	适合	不适合	不适合	不适合	适合
$6<h\leqslant8$	适合	适合	不适合	不适合	适合
$4<h\leqslant6$	适合	适合	适合	不适合	适合.
$h\leqslant4$	适合	适合	适合	适合	适合

(1)感烟探测器的设置。

在布置感烟探测器之前,需要先了解建筑的基本资料,确定哪些地方有吊顶,在有吊顶的地方探测器的布置直接按照保护半径区划分就可以了。如果没有吊顶,例如地下室,布置的时候需要对梁表,如果梁的高度突出板底大于200mm时,它对探测器的探测范围是有影响的。一般小于 200mm 的是不用考虑的。在 200～600mm，一个探测器可以保护几个梁间距在规范上也是有要求的。超过 600mm 时，就可以认为这个梁是完全隔断了，就要把它当做墙来考虑，就要重新在另外的梁空间设置探测器。有一种特殊情况，梁间距小于 1m 的时候，那也可以忽略它对探测器的影响，这时候布置的话就可以看做是平的地方即可。

在实例中，负一层是车库，应该是不会有吊顶的。一至三层是商业部分，四至七层是办公部分，都需要进行吊顶。所以在设置地上层的时候可以不考虑梁对它的影响，电气工程师在布置探测器时是在天花板布置的。设置探测器的操作演示步骤如下：

①在"项目浏览器"里单击"工程师感烟探测器—典型"，按住鼠标左键不放拖至工作界面（见图 8-3）。

②单击"修改/放置构件"选项卡，单击"放置"出现下拉菜单，单击"放置在面上"（见图 8-4）。

③至于探测器之间的间距，可以测量一下它距离墙角的距离是否在范围内（见图 8-5）。

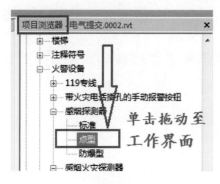

图 8-3　探测器型号选择

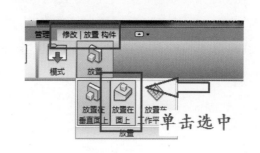

图 8-4　放置位置选择

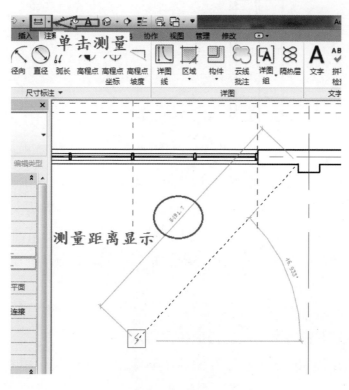

图 8-5　测量距离显示

④或者测量一下柱间距,估算一下面积是否合适。还有一种方法也是最保险的,就是在柱子中间画一个圆,半径为5.8m,单击"注释"选项卡,单击"详图线"工具;单击"修改/放置详图线"选项卡,单击"圆形命令"(见图8-6)。

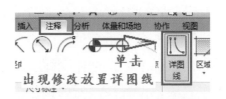

图8-6 图形命令

这样就能直观地看到一个探测器的范围(见图8-7)。感温探测器也是一样的,在图中可以看到就可以了,按照这钟方法就可以把图例布置完成。要注意的一点是,厕所不用布置。图中的封闭楼梯前室需要放置探测器,根据规范要求在楼梯间的平台处也需要放置(见图8-8)。

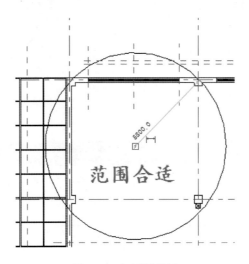

图8-7 探测器范围

除此之外,排烟机房、水暖机房、水井烟井也是需要设置探测器的,电井、空调机房等都是需要设置的。这里强调一下,地下室是比较特殊的地方,配有柴油发电机房和变配电室,其中变配电室比较特殊,但感温感烟探测器也都是需要设置的。柴油发电机房和储油间,由于柴油发电机房有烟,所以只用感温探测器就可以,而储油间有潜在的爆炸危险,所以要设置成防爆型的探测器。

(2)防爆型探测器的设置。

下面,介绍储油间设置防爆型探测器的操作演示。

①在"项目浏览器"单击"电子感温探测器—防爆型",同时按住鼠标左键不放拖至工作界面(见图8-9)。

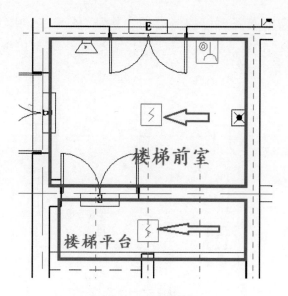

图 8-8　探测器位置

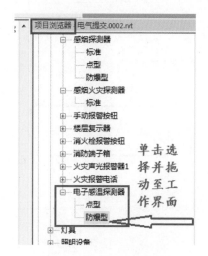

图 8-9　电子感温探测器

②在图 8-10 中可以很明显看到有一道梁,所以需要看一下梁表,看一下梁有多大。大于 600mm 的就可以设置探测器,但是图中量取的梁间距小于 1m,所以不用考虑梁大小。

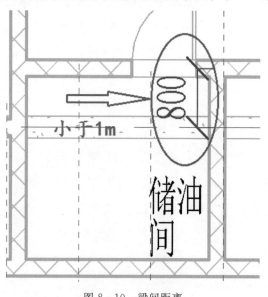

图 8-10　梁间距离

柴油发电机房也是需要布置感温探测器的。例如,图 8-11 中比较大的地方,就要进行确认布置几个探测器才合适,一个不太合适,所以布置两个才可以覆盖完。

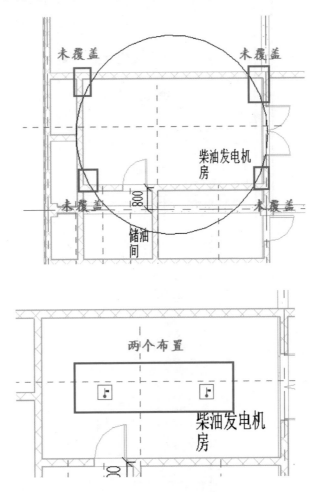

图 8-11 探测器布置图

在变配电室,很明显有两道梁,所以需要测量梁突出顶棚的高度,再布置感烟探测器。在三维视图中看一下测量的高度,布置好的探测器用高程点量一下梁底是 -0.700m,板底是 -0.243m(见图 8-12)。用高程点测量的演示步骤如下:单击"注释"选项卡,在工具栏单击"高程点",在工作界面里进行测量。突出顶棚高度小于 0.6m 的,可以考虑一个探测器保护多个梁间距。但是图中通过测量长宽算出梁间面积大于 36m²,所以需要设置两个探测器。感温探测器与它的布置方法是一样的,用保护半径来检查确认布置的位置。

(3)手动报警按钮的设置。

接下来介绍手动报警按钮的布置。布置方法与之前讲的设备的布置方法一样。手动报警按钮的布置原则:第一,需要确定每个防火区域不少于一只;第二,防火区域内任何位置到手动报警按钮的距离不大于 30m,这些都是规范的强制要求。

一般手动报警按钮需要设置在出口处,因为人疏散时在出入口处疏散。如图 8-13 所示,手动报警按钮是设置在墙上的,之所以按扭选择放置在垂直面上、这样设置在楼梯前室,是因为出入的人都可以使用,在有疏散口的位置进行设置。

按照以上原则,在这个平面内布置报警按钮。设置完成后测量一下距离是否合理,两

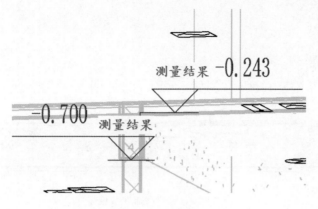

图 8-12 标高量取

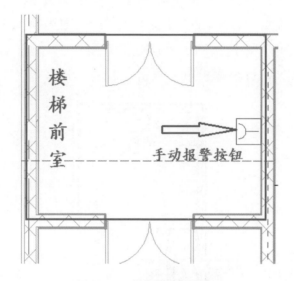

图 8-13 报警按钮安装位置

个手动报警按钮之间的距离小于 60m 即可。根据规范要求,在设置手动报警器的地方宜设置电话插孔,所以在设置手动报警按钮时直接选取带火灾电话插孔的手动报警按钮就可以了(见图 8-14)。选择后全部替换,就布置完成了(见图 8-15)。

图 8-14 选择报警按钮型号

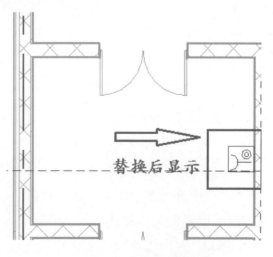

图 8-15 布置完成图

8.1.2 警报设备

1. 消防广播的设置

消防广播一般设置在公共区域,例如走廊大厅(见图 8-16)。

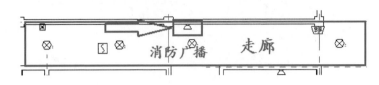

图 8-16 消防广播安装位置

消防广播的定位原则是在一个防火分区内任意一个位置到达最近的扬声器的直线距离不大于 25m,到末端距离扬声器距离不得大于 12.5m。楼梯间可以布置在前室处(见图 8-17),然后确认测量距离是否合适。图中一层是商业层,所以全部为公共区域,消防广播要全部覆盖。初步布置完成后,再根据规范要求进行检查看距离是否合理。

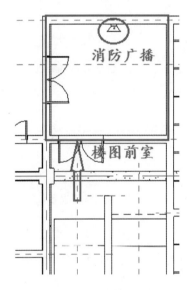

图 8-17 消防广播的安装位置

2. 警报器的设置

警报器分为声音报警、光报警、声光报警。具体用声光报警来示范一下,声光报警和消防广播布置是一样的,都要设置在公共区域,一般设置在每个楼层的楼梯口,比如消防电梯前室或者建筑内部比较明显的拐角区域都是可以的(见图 8-18)。

注意:警报器不能与安全出口的指示灯设置在同一面墙上,因为警报器带有光报警,光线闪动会影响疏散人流对安全出口指示灯信息的接收。相关规范中对声光报警没有距离的要求,只有声压级的要求,其声压级不得小于 60 分贝。

警报器一般设置在每一层的楼梯口。由于它的报警声音很大,所以在设置数量上不用太多,保证在防火区域内都能看到或者听到报警信息就可以了。在图 8-19 中详细看一下,它的声光报警和广播都是设置在走道里面,手动报警也设置在疏散口。

电梯楼层显示器(NE-DT-7014)可以在电梯监控画面上叠加显示时间、日期、电梯名

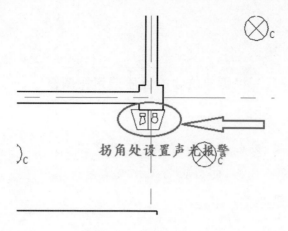

图 8-18　声光报警位置

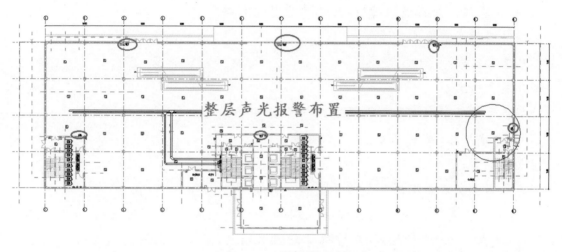

图 8-19　整层布置图

称、所在楼层、运行方向和状态等信息，并且当电梯卡层时，监控画面上会自动闪烁报警，可以第一时间确认电梯所处的精确位置，从而快速有效地实施营救。

在公共建筑中每个楼层基本都应该尽量设置在疏散口比较近的地方。同时，要注意所有的消防设备在设置的时候都有高度要求。比如楼层疏散的安装要求是 1.3～1.5m，以便操作。声光报警器和广播一般要求高度大于 2.2m。

3. 消防专用电话的设置

消防电话指的是消防专用电话，与平时电话系统是不能混合使用的，必须要有独立的消防通信系统，一般会在消防控制室设立一个总机（见图 8-20）。

一般在消控室设置总机后，还要在防排烟机房、消防泵房、变配电室这些地方设置消防专用电话，通俗来讲，就是经常有人值班的地方都应该设置。根据最新的火灾自动报警规范，在消防电梯机房和电梯里也要设置。

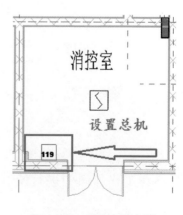

图 8-20　消防专用电话

规范梳理

根据建筑物的性质选用探测器
---

(1)下列场所宜选择点型感烟探测器：

①饭店、旅馆、教学楼、办公楼的厅堂、卧室、办公室等；

②电子计算机房、通讯机房、电影或电视放映室等；

③楼梯、走道、电梯机房等；

④书库、档案库等；

⑤有电气火灾危险的场所。

(2)符合下列条件之一的场所，宜选择感温探测器：

①相对湿度经常大于95％；

②无烟火灾；

③有大量粉尘；

④在正常情况下有烟和蒸气滞留；

⑤厨房、锅炉房、发电机房、烘干车间等；

⑥吸烟室等；

⑦其他不宜安装感烟探测器的厅堂和公共场所。

(3)可能产生引燃火或发生火灾不及时报警将造成重大损失的场所，不宜选择感温探测器；温度在 0℃以下的场所，不宜选择定温探测器；温度变化较大的场所，不宜选择差温探测器。

下面进行消防电话的操作演示：

(1)在"项目浏览器"里，单击"火灾报警电话—标准"，同时按住鼠标左键不放拖至工作界面(见图 8-21)。

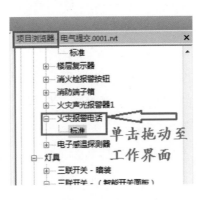

图 8-21 报警电话选择

(2)在工作界面中进行绘制，一般就设置在门口(图 8-22)。

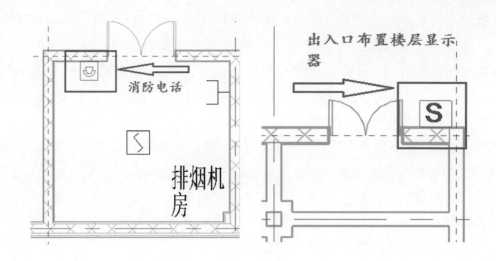

图 8-22　报警电话布置位置

　　楼层显示器的设置也应该在出入口处,方便人通过楼梯消防梯时可以直接看见。地下室要在水暖设备用房、变配电室等对应的机房设置消防电话,其余的声光报警、探测器等设备的设置和前面讲的设置原则是一样的。

◆ 8.2　其他联动设备

　　关于联动设备,电气上主要是消防时进行非消防电源的切断和电梯的联动控制。

　　电梯分为消防电梯和非消防电梯。非消防电梯要在火灾控制室进行切断的,切断之前所有的电梯先要归底,然后切断;而消防电梯是不切断的;平时的空调用电、非消防照明用电、非消防的动力用电都是要切断的;防排烟系统和自喷系统、防排烟系统都是要在火灾自动报警图上体现的,根据水暖的提资来定位的,一般不作决定定位;在电梯的联动和非消防电源的切断的箱体的定位是配电系统来定位的,我们只要控制信号。至于控制信号,会在下一节说明在图上怎样进行体现。

　　那么,现在来看一下自喷系统和防排烟系统。

　　初学者要注意,水系统和暖系统是在其各自的系统中体现的,在设计图中要体现的话,这个时候不可能再去重新建立一个。比如湿式报警器,如果再建立一个的话,那整套建筑中就有两个了,会多出一个,这不符合模型建立的要求。

　　在这种情况下有三种解决办法:一是把水专业的模型链接过来,在图上复制监视一下,然后出图,出图后模型应该是删掉的,在平面上就不会体现了;二是选择复制监视命令,用水专业或者暖专业的图作链接来复制它;三是比较好用的一种,即把水暖专业的一些模型,比如防排烟阀、防火阀、水流指示器之类的一些模型建立一个二维族,只在平面展示,至于三维还是用它本身的族,二维族只在电气专业的图纸上体现在就可以了。

　　下面通过图例进行一下说明。选择常开 280℃防火阀为例,在电气上想以这种形式体现的话,但是在暖通专业模型中它的模型阀实际是一个很简单的符号,280℃和 70℃防火阀在图纸上是很难区分的,需要逐个标注,是比较麻烦的。在电气模型中不同的防火阀可以用不同的图例进行展示。比如常开 280℃防火阀和常闭 280℃防火阀用不同的图例来表示就可以了。阀的位置根据暖通专业模型中的具体位置来定位就可以了。这样的话防火阀模型在三维里面就不体现,只在二维里体现。最后再作施工图连线的时候就可以直接连线。这样,在平面上既体现了控制要求又没有在模型中增加数量。水设备也是一样的,只是它的模型需要自己根据习惯去创建。

接下来,在系统图中看一下非消防电源的切断和电梯的联动。在火灾自动报警系统图中(见图 8-23),在机房层有六部电梯,其中假设有两部消防梯,DT 是控制箱,最后的归底信号反馈就是从控制箱发出的。而在两个电梯的配电箱上要切断非消防电梯,就要有两组信号在非消防电梯归底后发出信号进行切断。至于消防水暖上的消火栓、自排系统的风机以及其他的需要控制的将在下一节进行讲解。

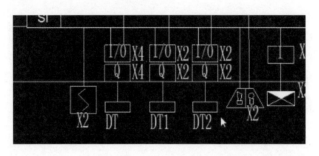

图 8-23 火灾自动报警系统局部图

◆ 8.3 消控室及系统联动控制要求

上一节讲的是火灾自动报警系统设备的布置要求和相关的规定,现在实例中已经将一层布置完毕,探测器、消防广播、声光报警、楼层显示器,还有一些消防需要联动控制的箱体已全部布置进去了(见图 8-24)。

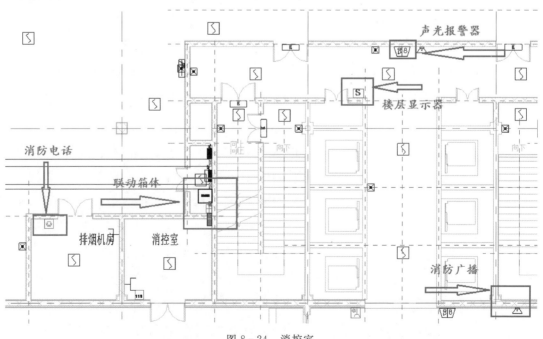

图 8-24 消控室

1. 消控室的布置方法

消防控制室对消防来说是非常重要的,它的功能就是接收火灾消防信号,发出火灾指令、安全疏散指令,控制各种消防联动控制设备和显示电源运行情况等。

一般消控室设备由火灾报警控制主机、联动控制台、显示器、打印机、应急广播设备、消防电话设备、电源设备、火灾漏点报警以及消防电源监控设备等组成。联动控制台就是联动控制器,现在随着电气系统的设备越来越多,跟消防有关的控制器也都放置在消防控制室里面。

注意:消防控制室一般设置在一层,在一层就必须有直接通往室外的出口,出口的门口要设置明显的标志灯。此外消控室还要设置与外界联系的火警电话,用来区别于系统内部的火灾报警电话,是专用的 119 火警电话,在火警设备中选择标准模式。

(1)设置 119 火警电话的操作步骤。

①在"项目浏览器"里单击"119 专线—标准",同时按住鼠标左键不放,拖动至工作界面(见图 8-25)。

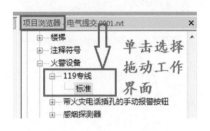

图 8-25　119 专线

②在工作界面里进行放置。在三维视图中可以看到,火警电话和普通的电话有明显区分(见图 8-26)。

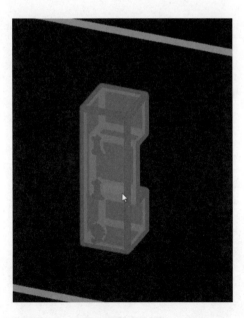

图 8-26　三维视图中的"119 专线—标准"

（2）消控室装置的布置。

所用到的族都是在项目样板中载好的族。火警设备放好后可以在三维里面看到，它是一个专用电话，有明显的标志。消控室的各种报警主机以及各种控制器都要预留一些机柜。设置机柜排布的操作步骤如下：

①插入一个机柜族，从文件夹里选取提前建好的机柜族。具体操作是单击"修改/放置构件"选项卡，在工具栏单击"放置在面上"命令，在属性栏单击"弱电机柜"，同时按住鼠标左键不放拖至工作界面进行绘制（见图 8-27）。

图 8-27　属性中的弱电机柜

②按照 600cm×600cm 在消控室为机柜预留设置，实际消控室的布置要看最后选择的是哪个厂家，不同厂家的控制器需要的站位是不一样的，但还是以 600cm×600cm 来预留。

③单击消防机柜会出现图 8-28 中的属性框，预留的火灾报警主机调整高度是 1500cm，为火灾报警控制器预留一个机柜，然后为联动控制器和其他设备预留一个机柜。此时要注意，消控室里面的布置是有规范要求的，一般的单列布置操作面要预留不小于 1.5m，柜后一般不小于 1m，图 8-29 中的设置是符合要求的。

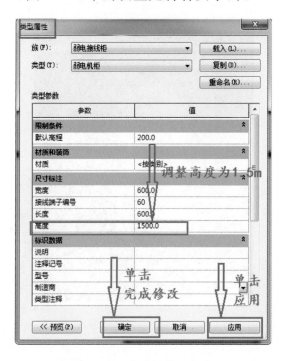

图 8-28　类型属性示意图

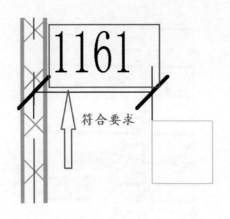

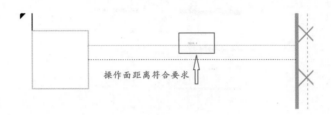

图 8-29　操作面的设置符合要求

　　单排布置长度大于 4m 时,柜体两端距墙宽度不应小于 1m。当需要双排布置的时候,两排柜子之间的操作距离不应小于 2m,这些原则在相关规范当中都有介绍,读者可以自行查阅。

2. 火灾自动报警的控制要求

　　控制要求就是在发生火灾时大火灾探测器和手动报警器为系统传递信号、让系统知道发生火灾而作出相应的联络。

　　来看一下它是怎么体现在图纸上的。如图 8-30 所示的中路由是从消控室到各个电井,走消防线槽,消防线槽的画法和前面讲的配电线槽的画法是相同的。在电井里面用的是竖向的线槽,可以通过三维模式可以看一下(见图 8-30)。

　　红色的就是竖向线槽,在电井里利用竖向的线槽把每一层贯通起来,使信号连贯。电井里设置有消防端子箱,每一层的设备都是从端子箱引线出去的。

　　下面,介绍探测器和手动报警按钮的连线操作步骤。

　　(1)在选项卡单击"系统",在工具栏选择单击"导线"命令(见图 8-31)。

　　(2)连线只是显示它们的路由而已,要进行逐个进行连接(见图 8-32)。

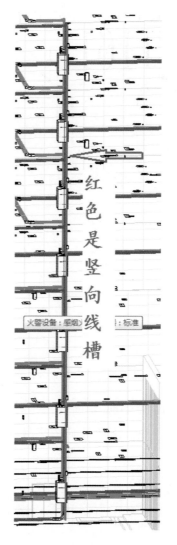

图 8-30 线槽

图 8-31 "导线"命令

探测器和手动报警按钮的连线与照明弱电的连线区别不大。不同的线型需要在连接完之后进行调整。手动报警按钮也是一样的画法。信号线的规格一般是 IVS 线,电源线、信号线、电话线的规格如图8-33所示。

3. 联动设备的控制要求

(1)火灾警报、消防应急广播报警系统。

火灾警报和消防应急广播都是在火灾确认后,由消防联动控制器发出信号,让声光报警器和消防应急广播向全楼进行广播和发出信号。

(2)非消防电源。

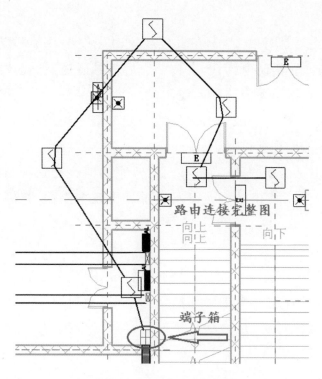

图 8-32　路由连接完整图

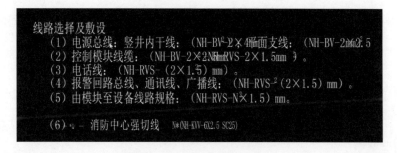

图 8-33　线路选择及敷设

在火灾情况下,通过分离脱扣切断相关部位的非消防电源。

例如,空调电源可以直接在变配电室完全切掉,非火灾区域开始不会切断电源,有利于人员疏散,先切断着火区域电源。

(3)气体灭火系统。

该系统主要是用于变配电室,画图时在变配电室门口要预留一个火灾时的一个气体灭火控制盘,用来进行火灾时候的控制。在发生火灾时,要自动关闭防火门、窗、通风空调系统以及相关部位的防火阀。在报警喷射各阶段,例如变配电室有相应的声光报警信号,传递出这里发生火灾的信息正在喷射灭火气体,灭火气体是有危险的不要靠近,并显示整个系统的手动报警器,自动进入工作状态。

（4）电梯系统。

电梯系统的要求主要是有两个：①在发生火灾时先发出一个联动控制信号，强制所有电梯停于首层，然后切断非消防电梯；②电梯归底后信号还是要反馈给火灾控制系统的。

（5）应急照明和疏散指示系统的联动控制。

应急照明和疏散指示系统一般是由应急照明配电箱来实现的，之前讲到用的是智能系统控制的，所以进行一键点亮就可以了。

暖通专业的系统也是需要联动控制的。例如，室内消火栓系统、自喷系统、防排烟系统和正压送风系统，这几个系统相对于火灾发生时是比较重要的，它们有一个共同点就是有多个控制方式。

（6）室内消火栓系统。

室内消火栓系统有三种控制方式：一是利用低压压力开关、高位流量开关、报警阀压力开关作为触发信号，利用控制器直接启动消火栓泵；二是利用一些比如消火栓按钮等动作信号联动来启动消火栓泵；第三是手动直接控制，对于比较重要的消防设备都要求有手动直接控制的装置。

（7）自动喷淋系统。

自动喷淋系统也是一样，有三种控制方式：第一，利用湿式报警阀直接来启动；第二，用水流指示器、信号阀等这些信号，传递到消控室进行联动控制；第三，在消控室设置手动直接控制的方式。

（8）防、排烟系统。

在火灾情况下，关闭正常空调、排风使用的常开阀，联动关闭其系统风机；打开着火区域的排烟阀，联动打开排烟风机，并显示其工作、故障状态；在消防控制中心设有手动直接控制排烟风机的装置。

（9）正压送风系统。

正压送风系统也是在消控室需要设置手动直接控制装置，也可以通过联动控制。

根据这些要求就可以大概画出消防系统图。

最后，强调一下消控室的手动控制装置，比如图 8-34 中屋面的排烟风机，当屋面设有三台排烟风机，首先要通过消控室给它一个直起线，Q 线就是直起线（见图 8-35），可以直接控制它。

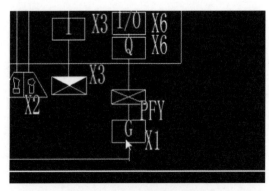

图 8-34　屋面的排烟风机

图8-35 Q线就是直线

消防栓泵模块(见图8-36),把它的信号可以送到火灾自动报警系统,这样可以采集和发出控制信息。这些控制要求主要体现在系统和平面上。至于平面上怎么体现,就是通过把系统上的导线落实在平面上。例如,切断非消防电源。发生火灾时需要切断一层的动力箱,需要通过端子箱给予一个信号,所以直接用导线连接端子箱和电源就可以(见图8-37)。

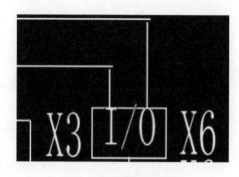

图8-36 消防栓模块

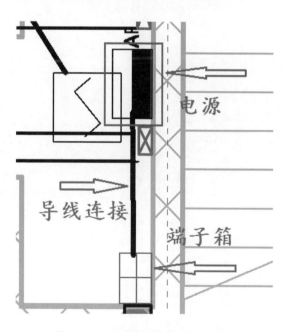

图8-37 用导线连接端子箱和电源

端子箱里控制模块线的线性和铺设方式是可以在旁边标注的。

第9章

防雷接地系统

本章提要

◎ 防雷接地系统概述

◎ 联合接地系统

通常来说,防雷接地系统是电气设计中的最后一个环节,并不是说它不重要,其实防雷接地系统是对建筑物中所有电子信息设备进行保护的重要系统。

◆ 9.1 防雷接地系统概述

防雷和接地不能分开理解,在整个建筑里,利用主筋作为引下、利用基础钢筋网络作为接地,另外增设的人工接地、人工避雷线等,都是要把整个建筑物当作一个整体,从而形成一个完整的防雷接地系统,这样才能对建筑进行完整的保护。

防雷如果脱离了接地,便不能单独完成它的防雷功能;而接地脱离了防雷,在受到雷电击中时,没有一个很好的引向,没有接闪器作为保护,就更不能保证人身安全。

防雷大致分为三个级别,即一级、二级、三级防雷。它的防雷类别通常是通过预计的雷击次数来定的,也就是说,设计的建筑通过计算年预计雷击次数。同时雷击次数与建筑物的长、宽、高以及建筑物所在的地理位置有关。

比如,青海和海南的雷暴次数和气象条件相差非常大,这就对建筑的雷击次数差别就是很大的。初学者在设计的时候,一定要了解建筑在哪里,四周有没有比它高大的建筑物,这些因素对雷击次数的计算都有哪些影响。一般来说,它与建筑的高度、等效面积、地理位置等方面有关。

还有接闪器,接闪器要结合建筑物的特点设置。如果在屋面上有高耸出来的构建或者大金属屋面等,可以参考本书内容了解其满足的相关条件,这样就可以直接设置。

如果没有明显的金属结构,就要做一个人工的接闪条件。做人工接闪器是指在突出来的水箱、电气机房的屋面做一圈人工的接闪装置。沿着建筑物的最外圈也要做,在实际工程中跟屋面的扶手连接在一起,必须是完整的一圈,不能有漏。

通过计算,二类或者三类防雷,都应有具体的避雷网格,二类避雷网格大小是 10mm×10mm、12mm×8mm,三类的避雷网格大小是 20mm×20mm、24mm×16mm,尺寸可以扩大一倍,哪怕是用滚球的,滚球的半径要求也是不同的,具体的可以参考本书的相关内容。

更重要的一点是,建筑物的避雷引线是利用建筑物的柱子主筋往下引的。采用结构主筋,引线数量不少于两根;采用框架剪力墙内的主筋,引线不少于四根钢筋;结构柱采用两根就可以。

现在大部分建筑物基础是采用钢筋作为防雷装置之间的连接,地下会进行可靠的焊接。要求所有的电力电缆在进出建筑物时,必须与就近的防雷接地装置可靠连接起来。不论是电力电缆、金属管道,只要穿越了建筑(比如从室外直接埋进来或者从地下室埋进来)进入建筑都必须与防雷接地装置连接。

如果是安装在屋面上的金属物体,比如排气管、排风扇等伸出屋面的金属管道,都要与附近的避雷网进行可靠连接。同时,利用建筑物的主筋作为引下线时,会有额外的要求,那就是建筑物的所有引下线,必须在室外地坪下 0.8~1m 处,设置直径为 12,长不得短于 1m 的外甩钢筋,引下线也会有数量要求,这要参考相关规范要求。

一个建筑物,只要用建筑内部的结构主筋作为引下线,而且不是单独做的,就要在引下线到达地面的时候做外甩钢筋,这是比较重要的。

还有一个就是测试卡,测试卡要求在引下线距地面 0.5m 处,做测试卡用来测试防雷接地电阻。

这些就是用建筑本身的结构作为防雷引下时应该注意的。

电子信息系统的防雷,是防雷里面一个非常重要的一点。关于电子信息系统的防雷,第一,要确定这个建筑在电子信息系统里防雷的防护等级,其中包括低压配电系统感应电压的防雷,也就是设置浪涌保护器;第二,设置电子信息系统,就是指综合布电系统、安防系统等这些统归于电子信息系统,这两个系统在进线处必须设置浪涌保护器,浪涌保护器接地端子板和等电位端子板要进行可靠连接。其中等电位端子板要设在电路比较集中的角上,比如设备用房之类的地方会有一个总等电位的端子板。

最后是接地,首先要确定配电系统的形式采用的是 TD 系统还是 TN 系统。TN 系统包括 TN4S、TNS、TNC 等系统。换句话说,就是确定配电回路有没有设专门保护的 PE 线路,并且在正常情况下确定没有带电。另外,在损坏或发生接地故障的时候,带电的设备金属外壳或者金属支架都必须与 PE 线有可靠连接。

◆ 9.2 联合接地系统

联合接地系统,是指配电系统中变压器中性点的接地,还有所有的子系统的接地(比如电子信息机房的接地),还有消控室的接地都与总等电位端子板相连接,接地电阻要求较高,不应该大于 1Ω,如果测试出来接地电阻不满足要求,就要用接地外甩钢筋增设一个人工接地。其他接地的要求还包括很多,比如,有淋浴的卫生间需要做一个局部的等电位接地,其接地的做法可以参考《等电位连接安装》(02D501-2),其 LEB 的线需要连接卫生间内,所有金属管道 PE 线、地板、钢筋都需要连接。具体的做法初学者可以参考借鉴《等电位连接安装》规范。

《等电位连接安装》(02D501—2)

图9—1为总等电位联结系统图,图9—2为电源进线、信息进线等电位联结示意图。

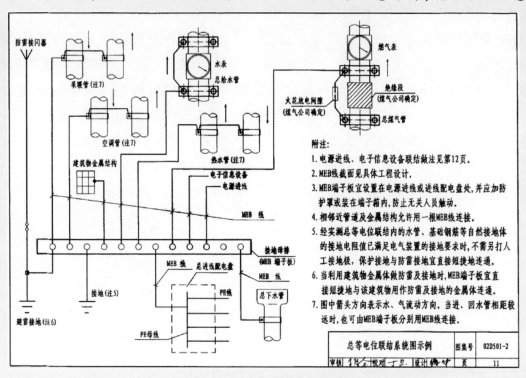

附注:
1. 电源进线、电子信息设备联结做法见第12页。
2. MEB线截面见具体工程设计。
3. MEB端子板宜设置在电源进线或进线配电箱处,并应加防护罩或装在端子箱内,防止无关人员触碰。
4. 相邻近管道及金属结构允许用一根MEB线连接。
5. 经实测总等电位联结内的水管、基础钢筋等自然接地体的接地电阻值已满足电气装置的接地要求时,不需要打人工接地极,保护接地与防雷接地宜直接短接接地连通。
6. 当利用建筑物金属体做防雷及接地时,MEB端子板宜直接短接地与该建筑物用作防雷及接地的金属体连通。
7. 图中箭头方向表示水、气流动方向。当进、回水管相距较远时,也可由MEB端子板分别用MEB线连接。

总等电位联结系统图图示例	图集号	02D501-2
审核 王代全 校对 丁京 设计 强中	页	11

图9—1 总等电位联结系统图

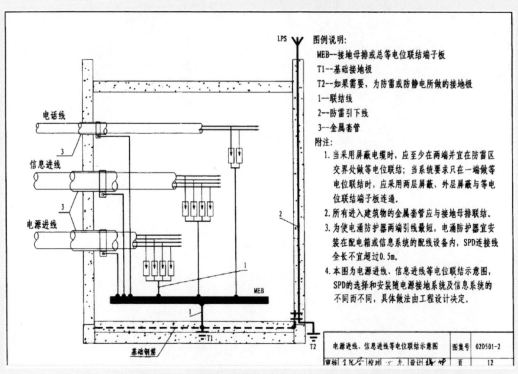

图例说明:
MEB—接地母排或总等电位联结端子板
T1—基础接地极
T2—如果需要,为防雷或防静电所做的接地极
1—联结线
2—防雷引下线
3—金属套管

附注:
1. 当采用屏蔽电缆时,应至少在两端并宜在防雷区交界处做等电位联结;当系统要求只在一端做等电位联结时,应采用两层屏蔽,外层屏蔽与等电位联结端子板连通。
2. 所有进入建筑物的金属套管应与接地母排联结。
3. 为使电涌防护器两端引线最短,电涌防护器宜安装在配电箱或信息系统的配线设备内,SPD连接线全长不宜超过0.5m。
4. 本图为电源进线、信息进线等电位联结示意图,SPD的选择和安装随电源接地系统及信息系统的不同而不同,具体做法由工程设计决定。

电源进线、信息进线等电位联结示意图	图集号	02D501-2
审核 王代全 校对 王京 设计 强中	页	12

图9—2 电源进线、信息进线等电位联结示意图

电梯竖井、旋转井、电梯井之类的井道，需要从底部到顶部贯穿一条接地镀锌扁钢，一般采用 40×4 的镀锌扁钢专门供接地用，下端在井底部设置一个 LEB 与整个连接起来，再与基础相连接。这个就是井道竖井的做法。

最后，金属桥架包括消防线槽、弱电线槽，都需要有接地系统，而且全段要求不低于两个。一段水平的桥架首尾各设置一个接地点，如果条件不满足，最少也要设置两个接地点。

在这里，防雷和接地只能作简单初步介绍，因为在 Revit 软件中建筑物是一个三维信息模型，而防雷和接地都是二维信息模型。目前，用 Revit 软件进行防雷和接地绘图时，是把传统的线型改变了，以满足施工对于图标的要求，其中接地测试卡、影像线等这些都是利用传统的二维元素在平面上直接绘制而成的。比如，在指挥层里面再建立防雷和接地，把基础平面建立起来后，把屋面导进来，在平面上围绕主机绘制完成接地线，并没有形成一个三维信息模型，只能在二维视图中满足施工图的出图要求。目前二维信息模型的绘制已经很常见了，初学者都可以在网上找到避雷接地的二维信息模型的绘制方法。所以，二维信息模型已经失去了在三维里的意义，倘若要深入了解，就要参鉴相关规范和图书。

第10章

综合布线系统

本章提要

◎ 插座布置
◎ 弱电桥架的绘制
◎ 桥架之间的翻模
◎ 弱电桥架的路由
◎ 弱电机房的规格计算

综合布线系统一共分为七个子系统,分别为工作间子系统、配电子系统、管理子系统、干线子系统、设备间、建筑群子系统、进线间。

这七个子系统各自的功能及其包含的综合布线的设备,对于了解综合布线的人来说都是很清楚的,不了解的人可以翻阅相关的图书和规范,里面都有清楚的讲解。

本章主要讲这七个子系统在作综合布线设计时图纸上是怎么来体现的,需要设计什么,所设计的东西需要哪些计算,结合设计思路看一下需要计算哪些东西以及计算经过、计算思路。

综合布线子系统在图纸上能够体现的部分有以下四个方面。

(1)末端设备的布置,例如工作区的划分决定信息点的数量,也就是说,末端信息点布置好以后,配线子系统的路由及配线的规格和敷设方式等都需要在图纸上体现。

在弱电间或者管理间里面楼层的配线设备,一般在设计时楼层里会预留一个综合配线的机柜,机柜的大小、高度、位置都需要体现,而在平面上只能体现一个位置。其他的高度、规格还有在配电间要体现的干线子系统,在平面上基本是看不出来的(见图10-1)。

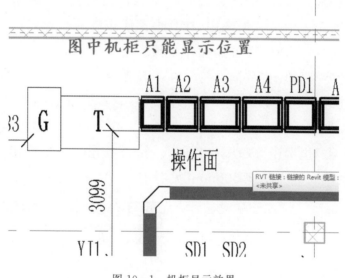

图10-1 机柜显示效果

因为配线机柜是竖向的,是在干线系统图上体现的,在综合布线系统图上只体现干线子系统的干线规格和相对的数量,而在平面图上只体现末端的插座位置、数量(见图10-2)。

(2)水平配线的路由及铺设方式。

(3)弱电间或者电井里面的层机柜的位置和规格。

(4)经过竖向的电井汇聚后到达一层进入弱电机房,楼层需要总的机柜规格和数量,这些都要在图纸上来体现。

现在先看一下末端设备的布置。在商业部分的布置方面,商业最终的业态没有确定,

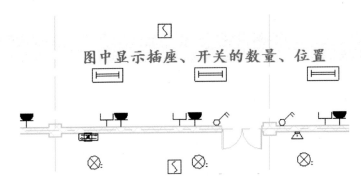

图 10-2　插座显示效果

所以前期不方便布置的,只是预留到电井,或者预留一个桥架就可以了。项目实例中五层是办公区,首先需要了解建筑的工位布置,由此来确定信息插座等弱电的位置。

◆ 10.1　插座布置

办公室的信息插座,一般是 5～10m² 算是一个工作区,一个工作区考虑 1～2 个信息插座就可以了。

一般情况下,一个工作区设置一个数据插座和一个语音插座,但是考虑到现在的发展,一般是不用语音插座的。所以实例项目设置一个双口信息插座(见图 10-3),可以做一语音一数据来用,也可以作为两个数据来用,这会根据使用者的需求来确定。

下面介绍进行双扣信息插座设置的操作步骤。

(1)在"项目浏览器"里单击"数据设备",在下拉菜单中单击"双动弱电插座—语言数据双口",按住鼠标左键不放拖动至工作界面(见图 10-3),语言数据双口是需要用户自己修改的族。

(2)在"项目浏览器"里双击"双动弱电插座—语言数据双口",弹出"类型属性"对话框,在类型参数选项里默认高程为距地 300mm(见图 10-4)。

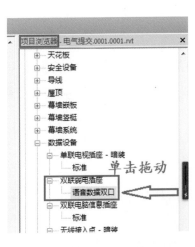

图 10-3　选择弱电插座型号

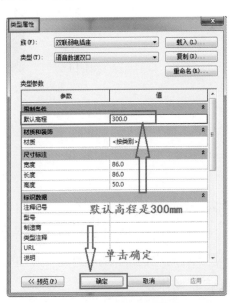

图 10-4　类型参数显示

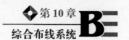

(3)双扣信息插座的布置与前面的一些布置有点像,其模型的建立相对来说是比较简单的,按规范布置就可以了(见图10-5)。布置图是可以根据用户自己的习惯改变的。

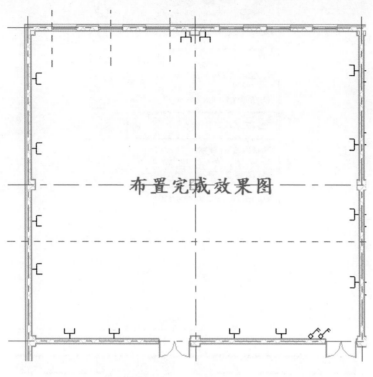

图10-5 布置完成图

(4)插座布置好之后,需要把它的配线引入到管理间里,如果施工图设计有需要的话,就可以把导线加上。单击"系统"选项卡,在工具栏单击"导线"命令,进行绘制即可。

◆ 10.2 弱电桥架的绘制

(1)插座布置完成后,进行弱电桥架的绘制。单击"修改/放置电缆桥架"选项卡,在工具栏单击"电缆桥架"(见图10-6)。

图10-6 选择电缆桥架

(2)选择"弱电桥架200×100mm"(见图10-7),偏移量设置时要注意吊顶高度,布置在吊顶之内就可以了。在图10-8中绘制时需要楼道贯通,因为右边的办公室也是要布置弱电的,连接后会自动生成三通。

(3)在绘制时要在当前的视图中将所有的桥架显现,避免发生碰撞。在三维视图中可查看一下是否碰撞(见图10-9)。

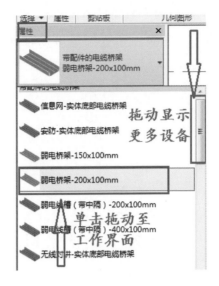

图 10-7　选择型号(一)

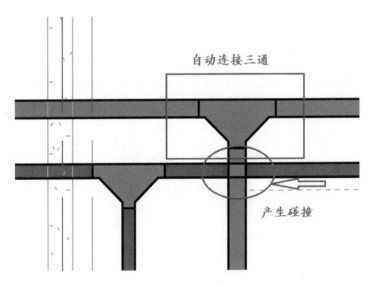

图 10-8　选择型号(二)

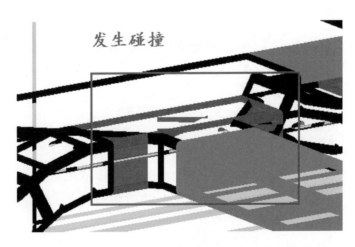

图 10-9　三维碰撞示意图

10.3　桥架之间的翻模

由于各种管线都布置在吊顶与板之间,所以会发生碰撞,这就需要调整。将碰撞区域的翻桥架起来,翻桥架属于管件综合的一部分,当水暖、电的桥架都布置在板与吊顶之间时就需要解决碰撞的问题。桥架之间的翻模和水暖电专业管件之间解决碰撞是一样的。下面介绍一下具体的操作步骤。

(1)选择"修改/电缆桥架"选项卡,单击"打断点"命令(见图10-10),选择"打断点",即打断完成。

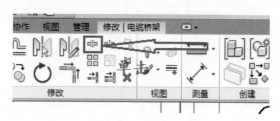

图10-10　选择打断命令

(2)将中间部分桥架偏移量调高,即在"属性"栏将电缆桥架偏移量参数修改为3100mm(见图10-11)。

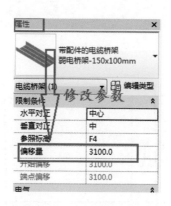

图10-11　修改偏移量

(3)这时可进行直接连接,但是图中连接时出现了错误提示(见图10-12),其原因在于翻桥架时需要一定的空间。

图10-12　错误提示

(4)在遇到错误提示时,要对桥架位置进行移动(见图10-13),之后再进行连接,即设置完成,然后在二维视图中进行一下查看。完成后如果觉得被翻桥架区域弧度过大,还可以继续调整,即在原图中单击连接点进行移动就可以了。

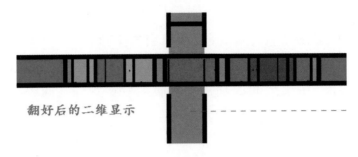

图 10 - 13　完成显示图

◆ 10.4　弱电桥架的路由

弱电桥架的路由要根据设计者的设计思路来确定,一般设计在公共区域内,之后进行连线就可以。具体的操作步骤如下:单击"系统"选项卡,在工具栏单击"导线"命令(见图10 - 14),进行连线即可。

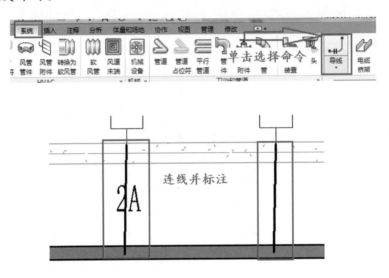

图 10 - 14　选择导线并绘制

虽然直接连线就可以,没有多少实际操作难度,但是还会有一些问题。因为没有沿线文字的设置,所以需要手动设置不同的沿线文字。例如将图中的双口插座到弱电桥架之间导线设置成 2A,A 代表一根网线,只需设置一条就行。在底部注释明确 2A 的代表含义以及它的铺设方式即可。

在信息插座布置完成、桥架连接到电井之后,还应设计一个层机柜,里面放置层配电架、交换机、光线的交换装置等设备。层机柜需要排布,确保电井可以放置,所以要将配电系统在里面显现,以确定电井里的所有设备都可以布置(见图 10 - 15)。

图 10 - 15　显示图

在布置层机柜前,要确定所有设备的大小,以便设置弱电室的空间大小,后面会讲解详细的估算思路。弱电机柜布置好后在三维模型中进行查看。实际在做模型时配电间多大、里面放了哪些设备、设备的排布在可视化模型中是可以清楚看到的,就不必将电井放大了。

图 10 - 16 是一个办公层的弱电设备布置完整图。

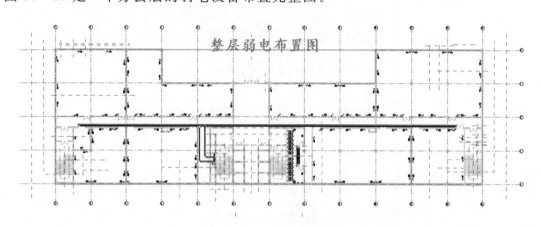

图 10 - 16　整体布置图

之前讲过弱电插座要与强电插座对应起来,并且保证信息插座旁边要有一个强电插座。公共走廊要考虑预留几个无线网的接入点,它与绘制信息插座的方法是一样的,只是族不同。

族是可以用一个信息插座进行修改,无线接入点一般放置在吊顶,调整时选择所有的无线接入点(见图 10 - 17),然后调整标高至吊顶以内(如图 10 - 18 所示)。下面介绍对无线网接入点布置的具体操作:

(1)在项目浏览器里,单击"无线接入点—暗装—无线接入点"(见图 10 - 17),同时按住鼠标左键不放拖至工作界面。

(2)同时,在项目浏览器里,双击"无线接入点—暗装—无线接入点",弹出"类型属性"对话框,对参数高程进行调整,点击"确定"(见图 10 - 18)。

(3)在工作界面进行绘制,这样就完成了弱电平面的绘制(见图 10 - 19)。每一层都可按照以上方法进行绘制。

图 10-17　选择无线接入点

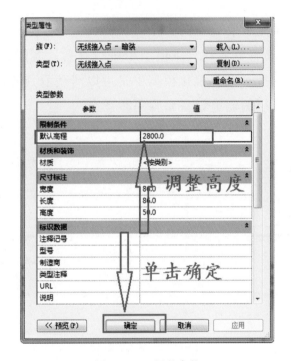

图 10-18　调整参数

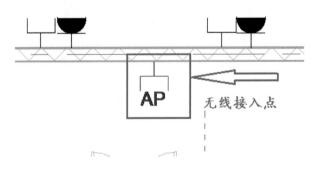

图 10-19　布置完成图

◆　10.5　弱电机房的规格计算

　　项目实例的一层弱电机房需再进行布置时,弱电机房里基本要放置程控交换机、层机

柜、总机柜。那么,它们的规格是怎么得来的,这就需要在综合布线时进行计算。

计算思路如下:

(1)在作设计前要先了解建筑的功能和性质。本实例建筑中三楼是办公区,四楼是商业区,办公区内要求一个工作区面积为 $5\sim10\text{m}^2$,商业区内一个工作区面积为 $20\sim60\ \text{m}^2$,每个工作区要求的信息点的数量规范都是有要求的。再用总面积除以一个工作区的面积就可以算出工作区的数量,再乘以规范要求的一个工作区所需的信息点数量。这样就可以估算出一层所需要的信息点数量。

(2)用计算的信息点数量除以干线、层配线架、层交换机等设备的端口,就可以计算出它们的数量。算出干线数量就可以确定光纤互连装置数量。

(3)最后考虑的是电源的占位数量,就可以算出层机柜规格。一般选择 19 英寸的标准机柜,需要的容量就可以确定,从而放置管理间的设备。

(4)这样就可以确定这一层的综合布线的所有设备。每一层都算完之后,就可以计算整栋楼的干线总数量。用同样的方法逐个计算总配线架、核心交换机数量、程控交换机的规格数量等。

(5)根据总的设备间的设备数量就可以估算总机柜的规格和数量。这样,设备间的布局就可以绘制出来了。

这就是弱电机房的基本设计与计算思路。最后强调一点,在设计公共建筑的时候,设备间的设备,比如风机房、空调机房、变配电室或其他场所,都要预留一个信息插座,其目的是考虑后期的楼控系统的布置需要。